人性化的城市照明

建成环境的循证照明设计

Urban Lighting for People

Evidence-Based Lighting Design for the Built Environment

人性化的城市照明
建成环境的循证照明设计

Urban Lighting for People
Evidence-Based Lighting Design for the Built Environment

[英] 纳瓦斯 · 达武迪安（Navaz Davoudian） 编
郭菲　译

中国建筑工业出版社

著作权合同登记图字：01-2021-3706号

图书在版编目（CIP）数据

人性化的城市照明：建成环境的循证照明设计 /（英）纳瓦斯·达武迪安（Navaz Davoudian）编；郭菲译. —北京：中国建筑工业出版社，2021.10

书名原文：Urban Lighting for People: Evidence-Based Lighting Design for the Built Environment

ISBN 978-7-112-26298-4

Ⅰ.①人… Ⅱ.①纳… ②郭… Ⅲ.①城市—照明设计 Ⅳ.①TU113.6

中国版本图书馆CIP数据核字（2021）第138357号

责任编辑：孙书妍　滕云飞　董苏华
版式设计：锋尚设计
责任校对：王　烨

人性化的城市照明　建成环境的循证照明设计
Urban Lighting for People: Evidence-Based Lighting Design for the Built Environment
[英] 纳瓦斯·达武迪安（Navaz Davoudian）　编
郭菲　译

*

中国建筑工业出版社出版、发行（北京海淀三里河路9号）
各地新华书店、建筑书店经销
北京锋尚制版有限公司制版
北京富诚彩色印刷有限公司印刷

*

开本：889毫米×1194毫米　1/20　印张：9⅕　字数：310千字
2021年11月第一版　2021年11月第一次印刷
定价：**82.00**元
ISBN 978-7-112-26298-4
（37914）

目录

前言　城市照明与循证照明设计介绍
纳瓦斯·达武迪安

第一部分
夜晚，城市，社会

第1章
城市照明的社会研究　2
埃莱特拉·博尔多纳罗，乔安妮·恩特威斯尔，唐·斯莱特

第2章
城市照明总体规划——起源、定义、方法与协作　18
卡罗利娜·M. 杰琳斯卡-达博斯卡

第3章
街道照明与老年人　42
纳瓦斯·达武迪安

第4章
提供安全感的照明　56
杰迈玛·昂温

第二部分
探索夜间城市

第5章
夜间寻路与城市元素层次　78
纳瓦斯·达武迪安

第6章
人、光与公共空间的相互作用——光不断变化的角色　92
伊莎贝尔·凯莉，纳瓦斯·达武迪安

第三部分
项目后评估

第7章
从设计项目中学到的　124
丹·利斯特，埃米莉·达夫纳

后记　151
术语表　153
注释　161
图片来源　166

编著者简介

纳瓦斯·达武迪安博士（Dr Navaz Davoudian）

纳瓦斯博士是英国伦敦大学学院（UCL）和设菲尔德大学（Sheffield University）的研究人员，从事光与照明方面的研究工作逾14年。作为一名训练有素的建筑师，她专注于城市和街道照明研究，包括行人照明与街道照明眩光。除学术研究外，纳瓦斯还为商业机构和非商业组织提供项目咨询。她的研究采用多学科方法进行，除技术性照明方法外，还结合了行为研究和心理物理学方法论。

埃莱特拉·博尔多纳罗博士（Dr Elettra Bordonaro）

埃莱特拉博士是Light Follows Behaviour的创始人。Light Follows Behaviour是一家照明设计工作室，致力于共创设计与人本设计。埃莱特拉具有建筑师背景，长期关注灯光，并作为照明设计师从事总体规划、室外及公共领域照明的顾问工作。她一直在罗马大学（University of Rome）任教，也是“社会光运动”（Social Light Movement，SLM）的联合创始人，旨在将照明引入贫困社区。

埃米莉·达夫纳（Emily Dufner）

埃米莉于2001年加入奥雅纳工程顾问公司（Arup）位于伦敦的照明部门，主要工作是针对概念设计、公共建筑和城市总体规划开发各种照明技术。她最知名的项目包括中国北京的国家体育场（鸟巢）、美国旧金山的加利福尼亚科学院和英国伦敦的圣潘克拉斯公寓（St. Pancras Chambers）。并担任伦敦2012年奥运村和奥林匹克照明设计顾问，以及卡塔尔多哈的姆什莱布（Msheireb）照明总体规划师。

乔安妮·恩特威斯尔博士（Dr Joanne Entwistle）

乔安妮博士是伦敦国王学院（King’s College London）文化、媒体和创意产业系的讲师，也是“Configuring Light/Staging the Social”研究项目的联合创始人。她曾参与大量不同类型的项目，包括与Speirs+Major照明设计事务所合作的英国德比市（Derby）总体规划、社会灯景（Social Lightscapes）研讨会，以及为联实集团（Lendlease）提供咨询服务。在此之前，她还出版过大量关于时尚、服饰、人体以及美学市场与经济的社会学著作。

伊莎贝尔·凯莉（Isabel Kelly）

伊莎贝尔是奥雅纳工程顾问公司都柏林（Dublin）办公室的照明设计师。伊莎贝尔在都柏林大学（University College Dublin）获得景观专业学士学位后，在伦敦大学学院（University College London）完成光与照明专业硕士的学习，之后加入奥雅纳工程顾问公司在都柏林的专业照明团队。伊莎贝尔对城市夜间环境设计兴趣浓厚。她的研究基于观察方法，分析公共空间中人与照明的相互作用。

丹·利斯特（Dan Lister）

丹是奥雅纳工程顾问公司的合伙人，2000年大学毕业后加入该公司。丹在电气照明与自然光照明设计方面拥有丰富的经验，曾为包括英国赫尔文化城市年（Hull's City of Culture year）的公共空间和英国里德大厦（Reid Building）在内的众多建筑、基础设施和咨询项目提供服务。他还在伦敦2012年奥运会、利马2019年泛美运动会和2022年卡塔尔世界杯组委会中担任专家职务。丹坚信利用技术可以提升照明设计，同时积极鼓励照明专业人员整合或开发新的工具，以增进我们对未来项目的理解。

唐·斯莱特博士（Dr Don Slater）

唐博士是伦敦政治经济学院（London School of Economics and Political Science）社会学副教授（讲师）。他目前正在从事“Configuring Light/Staging the Social”研究项目，探索如何将光作为一种材料，应用在城市及公共空间的基础设施、空间与设计中，其关注的核心问题是如何使社会学家和设计师在材料使用过程中相互协作。

杰迈玛·昂温博士（Dr Jemima Unwin）

杰迈玛博士是光与照明领域的一位讲师，拥有十多年的照明实践经验，目前是光与照明硕士课程的负责人。她的学术生涯始于格拉斯哥艺术学校（Glasgow School of Art）麦金托什建筑学院（Mackintosh School of Architecture）的建筑研究，并于2005年获得建筑师资格。自2008年开始执业以来，照明艺术与科学一直是她建筑项目中不可或缺的一部分，以确保实践与研究之间的健康共生关系。

卡罗利娜·M. 杰琳斯卡-达博斯卡博士（Dr Karolina M. Zielinska-Dabkowska）

卡罗利娜博士是英国皇家建筑师学会（RIBA）的特许建筑师，也是屡获殊荣的照明设计师。她同时在波兰的格但斯克技术大学（Gdansk University of Technology）建筑学院担任助理教授，负责建成环境中光与照明的多方面研究。她曾就职于Speirs+Major照明设计事务所，参与了国王十字（King's Cross）照明总体规划、谷仓广场（Granary Square）和谷仓大楼（Granary Building）立面照明概念中照明愿景方面的准备工作。

译者简介

郭菲

同济大学建筑与城市规划学院硕士、博士研究生，奕斐环境规划设计（上海）有限公司创始合伙人，美国国家照明职业资格委员会（NCQLP）注册照明设计师（LC），长期从事建成环境照明规划与设计实践，主要研究领域包括人性化照明、健康光环境及智慧照明应用。

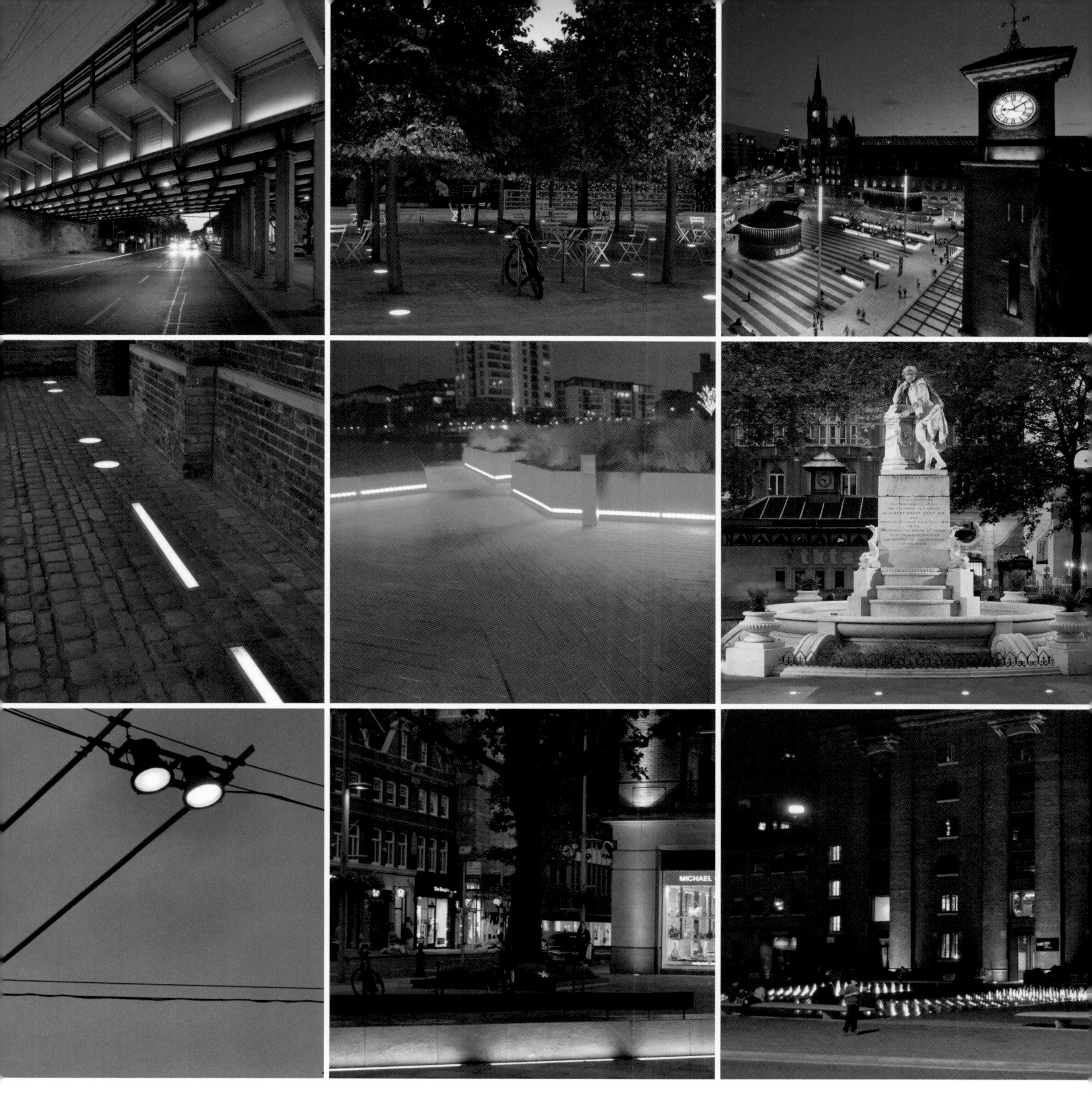
MICHAEL

“独特而清晰的环境不仅可以为人们提供安全，而且有可能提升人类体验的深度和强度。”

——凯文 · 林奇（Kevin Lynch）

前言　城市照明与循证照明设计介绍

纳瓦斯·达武迪安

城市照明点亮夜间已成为世界许多地区的必需品，街道照明如今也被认为是发达国家基本的基础设施。城市照明因其涉及范围较广，一直是照明设计领域的热门话题。其中，最受关注的问题包括城市中名胜古迹和建筑物的照明、与城市美观和美学相关的主题，以及与驾驶者视觉相关的照明。近年来，光作为人们日常生活的组成部分，也引起人们的极大兴趣：光不但可以使人们每天能够在社区和城市中通行，而且也可以帮助人们了解自己及环境。本书从环境心理学、行为学和社会学的角度研究行人照明，以解答与此相关的各种问题，并探讨人们对夜间街景的需求和体验，研究如何通过公共照明来满足这些需求。

本书的重点是循证设计：书中各章节解释了循证方法的构成，以及如何将其用于照明设计。虽然这本书是由众多专家编写的，但也是为广大读者准备的。

学术研究的结果通常用于为照明设计师和地方政府制定新的标准和指南。然而，对于人和照明环境之类的“软”课题，会涉及许多因素，不一定能简化成指南手册。如果考虑到街道照明的相关受益者及其行为、环境和原因，设计要求将会变得更加复杂。本书强调了设计背景和环境如何影响设计指南的使用方法，使设计师和决策者能够在他们的项目中做出明智的决定。

循证照明设计

循证设计（Evidence-based design，EBD）是一种基于研究的方法，设计人员用以理解人们如何与建成环境相互作用，以及建成环境如何影响行为。循证设计源自循证医学，是通过科学研究来支持最有效治疗方法的决策。20世纪80年代，循证设计开始在健康领域应用，设计人员使用了一套可靠的研究，将设计与提高病人的安全性和加快康复的速度联系起来。例如，与多人病房相比，单人病房一直被证明可以减少感染。当应用于照明时，循证方法发现照明确实会影响人类的健康和福祉。已有研究表明，照明、地毯和噪声对危重患者的心理存在影响。有证据显示，精心设计的物理环境与患者和员工的安全、健康和满意度的改善相关。[1]建筑研究人员研究了医院布局对员工效率的影响[2]，社会科学家则对指示和导向进行了研究。[3]建筑研究人员还进行了使用后评估（post-occupancy evaluations，POE），以提供改善建筑设计和品质的建议。[4]尽管循证设计流程特别适合医疗保健行业，但它在其他设计领域也很有价值。

那么，如何应用循证设计在夜晚的城市空间中创造安全感，让街区在夜幕降临后更为清晰易读，使夜间城市更具包容性呢？

什么是循证设计？

循证设计是在对单个项目的设计进行决策时，审慎且负责地使用来自当前研究和实践的最佳证据的过程。循证设计也被称为研究型设计（research-informed design），尽管一些专家对这两个术语的定义有所不同。他们可能认为，由于研究型设计的文献来自教育而不是医疗保健学科，因此研究型设计与循证设计不同。[5]如需进一步了解详情，可参阅乔治·贝尔德（George Baird）的《建筑评估技术》（*Building Evaluation Techniques*）。[6]

循证设计并不包含对复杂问题的现成答案。与之相反，这是一个设计师和客户自己找到答案的过程。循证设计是将实用的设计专业知识，与客户、项目、使用者的要求和偏好，以及最佳的研究证据，全部整合到设计决策过程中（图0.1）。

循证方法仅仅意味着我们超越了自己知识的限制，去寻找可靠的信息，作为我们设计过程的基础。循证设计的目的是在研究和设计实践之间建立一座桥梁，利用人们与当下新的复杂环境如何相互作用的现有证据，来增强组织、社区、设计师及其客户和最终使用者的现有知识。关于人类空间行为的可靠信息可以激发新的想法和创意。

循证照明设计不是告诉你应选择的具体产品，或是具体的照度、亮度和配光。但是通过循证照明设计，在转向可靠的研究经验过程中，也许可以找到一个途径去解答这些问题，而这肯定不会出自标准手册。循证设计是一种方法，是基于已有的知识，考虑可能的解决方案对人员、成本和管理等各种因素的影响，帮助设计师进行决策。

那么现在的问题是：研究成果是唯一的证据来源吗？

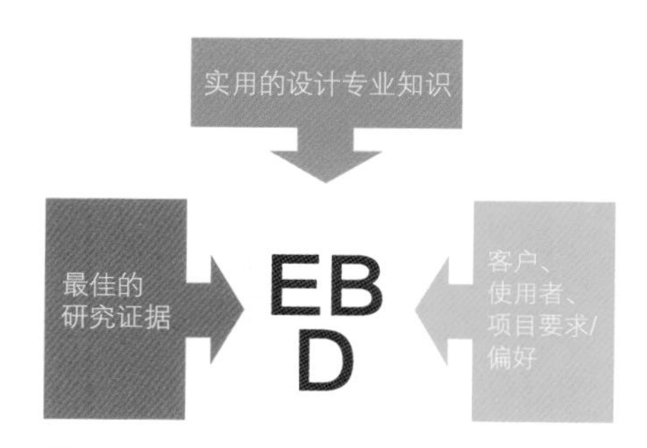

图0.1 循证设计（EBD）的整体构成

什么是证据？

“证据”一词源于经验的概念，与显而易见的事实相关。[7]牛津英语词典对“证据”一词给出了多种定义，例如清晰明确、能够得出结论的依据和能够证明事实的信息等。在所有关于证据的定义中有一个统一的主题，那就是需要对其进行独立观察和验证。这一点强调了为设计（和策略）提供依据的证据必须进行调查的重要性。

然而，在什么情况下，什么才算是证据？证据被认为是从一系列来源中获得的知识。知识被定义为“通过经验获得的意识或认识，即人们掌握信息的范围”。知识可以分为两种类型：命题的和非命题的，或是成文的和不成文的。[8]在现实情况下，两种知识来源之间的关系是动态的，但命题的知识更为人们所重视。命题知识是正式的，源于研究和学术研究，主要关注于普遍性。非命题知识是非正式的，主要来源于实践，其构成了个人知识的一部分，与生活经验和认知资源相关，使人们能够思考和行动。[9]如果要运用循证设计，使用者需要运用和整合这两种类型知识的多种来源，通过经严格审查的各种证据而获得。与此同时，在复杂多变的设计环境中，这些过程与其背景条件相关。

不同的知识来源

下文介绍了由四种常见的证据类型所产生的知识的特点，以供设计中应用。

来自研究证据的知识

在运用循证设计方面，研究证据被列为所有证据来源之首。而且，研究证据往往被一些人认为可以为设计问题提供最终答案。但是，这类证据很少是恒定的，而是有可能随着新的研究发展而变化。因此，研究证据应被视为临时性的。证据的产生和使用既是一个社会过程，也是一个科学进程，其不可能达到所要求的“客观性”水平。所以，没有所谓绝对意义的证据。研究证据是基于社会和历史而构建的。[10]它不是确定的、独立的和静态的，而是动态的和折中的。最后，虽然研究证据对改善设计过程至关重要，但它本身并不能告知使用者具体的决策。

来自专业经验的知识

通过专业设计积累的知识是运用循证设计的第二部分知识构成。这类知识体现并融合在设计中，往往是内在和本能的。使用者不仅根据自己的专业知识决策，而且还借助他人的专业知识来为他们的设计提供依据。这类知识通常可以通过不同项目的设计后评估来获得。但是，这类知识来源如果不是系统性地获得，则可能会被认为是主观的、有偏见的和缺乏可信度的。为了避免这一问题，此类知识和推理需要在设计环境的背景条件下，与这里所讨论的四种不同类型的知识相结合。尽管实践知识是信息的重要来源之一，但实践知识与研究之间的相互关系并非是直接的或线性的。因此，我们必须清楚地认识其在循证设计中的作用和贡献。

来自客户和使用者的知识

有助于循证设计的第三个证据来源是使用者和客户的个人知识和经验。这类知识来源可以是群体的，也可以是个体的。群体的部分主要与设计规划过程中群体或社区的参与相关。与之相对应，个体的部分来源于个人客户和使用者，以及他们在设计及交付过程中与设计师之间的活动。利用客户和使用者的群体知识进行决策是一种普遍的设计方法，通常也是合情合理的。然而，收集个人的价值观、经验和偏好，并将其纳入循证设计是一个复杂的问题，将其与其他证据来源结合到设计决策中需要专业知识。

来自设计背景和环境的知识

除了来自研究、专业经验、客户和使用者的知识外，设计背景和环境也包含了证据的来源。在设计过程中，设计师可以借鉴实地调研信息、项目背景的社会文化知识、相关各方观点以及地方和国家政策等。当地可用的数据资源显然在循证设计的运用中可以发挥作用，但需要注意的是，这些数据是否经过系统地收集和评估，与其他类型的证据如何整合，以及这些数据如何才能支持当前的设计项目。

循证设计为何如此重要?

证据的使用很重要，因为不同的设计方案对使用者及维护的影响，可能会影响设计决策的方向。循证设计不应使用那些支离破碎的证据来作为选择不同设计方案的理由。相反，证据应支持设计决策，而且只要有可能，设计师和规划师应该从已完成项目中收集相关信息，以更新证据的来源。换而言之，这样的方法意味着去检验设计决策是否有效提升了空间的品质和使用。目前，在最大限度地使用循证设计方面仍然存在着局限性。这主要归咎于明确的因果关系比较缺乏，可用的信息比较零散，而且在方法论上也有所限制。但是，使用系统性的评估可以减少这些问题，以更好地支持循证设计。循证设计正在迅速发展，同时证据也在快速增加。尽管如此，循证设计对设计过程的影响还有待深入探讨。但是，设计团队人员配置的变化（如考虑研究人员的参与）、为设计师提供证据等相关问题已经在开始摸索。此外，关于循证设计是否与新的设计和生产理论方法（如精益设计和生产）相一致或相互矛盾、参数化设计与循证设计之间的联系等问题，相关的讨论也正在出现。最后，与建成环境及其对人的影响相关联的研究会涉及数量众多的变量，而这些变量可以以不同的方式加以组织。[11]

随着照明技术的进步和照明成本的降低，我们可以发现室外建成环境中人工照明的使用每年都在稳定增长。人们日常生活中社交的质量被公认为是环境设计中一个非常重要的驱动力。但是，问题在于我们如何在不断发展变化的社会背景下进行思考。

照明研究的证据一般是通过形成新的指南和标准来指导设计实践。虽然这在处理技术方面的问题上特别有用，但如果涉及一些“软”问题，例如人们与照明环境如何相互作用，仅仅依靠这些指南无法反映人们在各种场景下的感知和行为的多样性。城市照明设计是一个非常复杂的课题，城市照明设计师和规划师需要采取全面的方法加以应对。

这本书是关于什么的?

如何将方法学上的研究应用到设计实践，这是一个非常重要的课题。照明设计在向研究型设计转变的过程中，存在着相当多的挑战。由于研究成果一般是在学术论文中发表，而且使用的行业术语对设计师而言比较晦涩难懂，因此外行人较难充分理解研究的方法。研究是在科学的方法上建立的，这与设计师的训练有很大的不同，二者存在着文化上的冲突。一方面，方法是严谨而科学的；而另一方面，照明设计师运用直觉、经验和判断力，同时还要满足客户的期望。本书通过评估照明研究，旨在为学者或照明研究者与照明设计师之间架起一座桥梁。无论是照明设计师、规划师、地方政府或是相关客户，如果希望进一步了解人与照明环境的相互作用，本书都可以提供一个新的方法。

在本书的7个章节中，来自城市照明领域的专家学者和设计师，讨论了与城市人居相关的多个案例分析和各种定义、方法和研究。这些观点是基于对那些已完成项目的观察和评估，不仅从社会与城市的角度出发，还考虑了行人的城市体验，同时对公共空间的可辨识性和可步行性也进行了考察。

每一章始于发现问题，然后考虑其对建成环境的意义，最后进行有益地概括总结，并提出具体的设计建议（要点清单），以期为夜间的城市空间提供合理、个性且人性化的照明解决方案。

本书提出的这些概念旨在解决与夜间人本城市照明相关的一些问题。当然，同样的问题肯定也还会有其他的解决方案。我的目的是提出一些基本的问题，其中包括人们如何与空间和照明环境相互作用；如何根据人们日常生活需要，确保城市环境能够同时满足白天和夜间的使用。但必须指出的是，与城市照明设计相关的人员应该意识到，即使是最完美的照明设计也无法解决城市环境固有的所有问题，而只是尽可能地减少。

本书图片翻印说明：图片颜色为原始光照条件下的呈现，RIBA出版社未对颜色进行校正。

第一部分

夜晚，城市，社会

第 1 章
城市照明的社会研究

埃莱特拉·博尔多纳罗
乔安妮·恩特威斯尔
唐·斯莱特

引言　光是社会生活的基本组成部分。在某种程度上，所有的人类活动都发生在光明与黑暗之中。无论是自然光还是人造光，各种形式的光塑造了日常社会生活，使人们能够在社会空间中开展活动。这也正是我们的出发点：城市照明为日常生活与人们之间的互动提供了非常重要的基础设施。照明的社会核心问题涉及多个方面。首先，照明关系到巨额的经济和生态成本。其次，照明与危险和安全、健康与福祉密切相关。同时，照明可能会引发其他现代都市问题，如光污染及自然夜空的消失等。而且，照明还可以构建社会能力与生活方式。此外，由于光的重要性，照明专业人员、规划师和建筑师的社会知识及设想，对城市生活和建成环境在多个重要方面都会产生影响。而作为日常工作的一部分，照明专业人员需要清晰地了解光在社会方面所涉及的内容，以及如何将其融入他们的工作中。

什么是“社会”？

从社会学的角度来看，“社会”（the social）是指构成集体生活的行动、信仰、关系和制度。因此，社会与人们在不同场所中的自我组织方式相关，其目的是为了维持某种生活方式。社会也指事物在特定场所和社交界中所采取的特定形式。

因此，社会必然是大量以复杂多变的方式相互关联的各种不相干的事物。想一想那些组成我们称之为街道或办公室的所有相互关联的事物，以及那些能够使街道或办公室在某种程度上长期维持其状态的布局。由于“社会”在本质上具有非常散乱的复杂性，因此将其视为一种“集合”会有所帮助。也就是说我们并不是通过抽象的定义或统计数据去了解一条街道或一个办公室，而是通过那些事物组合或聚集的方式，包括它们如何长期维系在一起（或瓦解）。

以上这些都说明，“社会”并不是指那些特定的场所，例如贫困的（“廉租房”）、有问题的（存在“社会问题”的场所）或表面上的“社区”（“邻里”，而不是商业中心）。人们使用的所有空间都是“社会”，公共照明参与其中，与各种不同的想法、角色和互动相互作用。社会生活可以通过诸如年龄、阶级和种族等因素加以区分，并且很多更细微的差别可能至关重要：比如这个人是夜班工人、遛狗的人、年轻人、无家可归者或是吸毒者等，这些对于夜间人们如何在城市中生活也许都是重要的。

对于理解与设计相关的“社会”还有其他三个重要的问题。首先，人们经常会认为“社会”与“技术”或“物质”相对立。实际上，除人及其关系外，如果把物质、技术和对象也纳入“社会”将会更为有益。像街道和办公室这样的社会组合，显然会涉及材料、技术、社会活动与人之间的一体关系。这对于照明设计非常重要：我们不只是简单地照亮一个社会空间，或是响应社会需求。照明设计作为建构集合的组成部分，不仅回应而且塑造“社会”。

其次，“社会”不同于“心理学”或“经济学”。心理学和经济学在很大程度上与个体有关，他们都可能会问：“个人如何选择或决定？”，并且二者都可能会累积这些个体的决定以找出“群体行为”。社会研究假设个体并不是最佳的出发点。个人确实生活在群居世界中，但他们是家庭、亚文化、社区、城市和国家的成员。如果我们仅仅关注个人的选择，那么我们只能了解设计的群体使用。实际上，那些使我们看上去是“个人”的事物，在很大程度上是由我们的身份和特定“社会”生活的成员所塑造的。理解“社会”意味着关注塑造个体对事物使用的共同社会特征，以及设计使用的共同和选定的社会背景。

再次，关于如何将社会知识与照明设计联系起来存在非常复杂的问题，特别是何种形式的社会知识对设计工作最为有用。“循证设计”和“研究型设计”（以及关于参与式设计、设计人类学和工作室研究的大量文献）这些术语的许多不同用法，都取决于对什么样的知识进入或应该进入设计工作的不同分析。我们在伦敦政治经济学院（LSE）社会学系开展的Configuring Light研究计划中使用的设计方法，其社会研究旨在产生针对特定地点的“证据”或知识，以帮助设计师能够在明确的基于研究的社会依据上进行设计决策：即基于证据，有合理的社会原因进行照明干预。[1]因此，我们聚焦于采用最严格和最有创意的社会研究方法，以了解特定的场所或场地——不同用户如何理解、使用和想象该场所的过去、现在和未来。这些方法也关注如何在项目过程中将社会和设计思维相融合，从而更接近于“基于研究的设计”或“研究型设计”。

对于我们社会学家来说，“研究”或“证据”意味着一个地方及其利益相关者的可信知识。相比之下，许多循证设计将“证据”定义为在其他地方进行通用性研究的发现，设计师可以将其应用到他们的场地。例如，光对昼夜节律或医院治疗的影响，据称可以通过实验或调查进行研究，其结果能形成一般性规律或光与行为之间的因果关系，那么设计师就可以就地应用。虽然设计师显然应该了解从此类研究中获得的最新发现，但他们同样也需要研究各自的场地，而且需要了解光在不同的社会背景下和不同的社会群体中，其条件和要求也大不相同，这些“一般性规律”如何被调整和修改。与此同时，我们都需要对那些认为照明对任何行为影响不变的科学主张持健康的怀疑态度。有效的证据通常表现为对光所介入的特定社会空间的发展变化有着良好的理解。

照明设计中的“社会”是什么？

通过考察在这一工作领域中对照明设计师（同时也对建筑师和规划师）影响最大的两位作者——城市规划师凯文·林奇和建筑师及规划师扬·盖尔（Jan Gehl），我们可以更好地理解“社会”。尽管我们注意到，他们的主要著作早在20世纪50年代就出版了，但盖尔和林奇关注的焦点都落在公共空间的“社会”方面，他们在研究建成环境的方法上展示出了社会学的想象力。他们将设计视为对这种“社会”生活的干预，其涉及道德责任，包括更好地了解社会空间的责任。但他们所设计的社会空间以及所观察的社会生活只是在白天，而没有涉及夜间。

盖尔对建成世界的检视直接与社会学家对话：在描述“建筑物之间的生活”时，建成环境对于促进社会交流的重要性显而易见。[2]他的论述基于“人们喜欢去有人的地方”的基本前提。[3]建成环境既可以支持也可以抑制这种对社交的渴望。简而言之，精心设计的建成环境可以促进社会交流，而糟糕的设计则会阻碍社交。盖尔呼吁规划师和建筑师创造促进交流的“活力”城市，这也是对现代主义的功能主义的直接批判：没有供人们相遇的空间，“无生命”的建筑、街道和城市，都是为汽车而不是为人所设计。因此，盖尔相信建成环境能够塑造社会生活和交流，建筑应该以服务于“社会”为目的。盖尔呼吁“公共生活研究”，以发展一种跨学科的方法来理解公共生活的多样性和复杂性，承认不断变化的时空特征和塑造公共空间的多重社会维度：“设计、性别、年龄、财务资源、文化以及决定我们如何使用或不使用公共空间的多种因素。”[4]

在《公共生活研究方法》（*How to Study Public Life*）中，扬·盖尔和比吉特·斯娃若（Birgitte Svarre）对建筑师和规划师如何认识这些社会生活模式进行了论述，并提出定性的方法以理解城市生活。[5]他们的著作是一本在方法论上“如何”设计的书，类似于社会学或人类学的文献，对公共空间的使用提出了多个问题：有多少人？他们是谁？在哪里？发生了什么事？因此，城市规划师就像一个民族志学家，在各种环境下务实地采用定性的方法，利用所有感官进行观察。他们写道：

> 直接观察是本书所述的公共生活研究类型的主要工具。通常，使用者不会主动介入所谓的被调查，而是被观察，从他们的活动行为情况可以更好地了解使用者的需求，以及城市空间如何被使用。直接观察有助于理解为什么某些空间被使用，而另外一些空间没有被使用。[6]

通过这些观测数据，可以检验城市设计的质量及其在促进社会交往中的作用。同样，盖尔承认定性分析的重要性，就像社会学家的定性解读一样，主张“评估能力是最重要的功能”，对社会差异和各类“人群”给予细心关注，任何民族志学家或社会学家可能都会这样做。

那关于夜间“建筑之间的生活”呢？设计和规划有哪些方面可以使白天的社交活动在傍晚和夜间继续进行？日落后“建筑之间的生活”既没有被讨论也没有被规划，但显而易见的是夜幕降临后发生的事情也部分取决于包括照明在内的公共空间设计。为什么盖尔的分析中没有包含夜晚和夜间设计（主要但并非仅仅是人工照明）？夜色中的建成环境有哪些方面可能会影响、鼓励或阻碍日落后运动、社交、活动和休闲的可能性？

凯文·林奇的著作也讨论了类似的问题。[7]他的巨著《城市意象》（*The Image of the City*）提出了一种迄今为止依然先进的方法，通过人们回忆其城市活动（主要是路线和道路）并以自绘地图的形式，可以获得个人和群体的城市意象。从这方面而言，林奇与盖尔不同，他考虑到人们对自己行为的理解和表达，而不是主要依靠行为观察。他的方法是运用观察、访谈和绘制，通过发现“环境意象，即个人所保持的外部物理世界心理图像”，一种服务于“社会角色”和提升“情感安全”的意象，来理解在城市中的寻路导向。[8]在城市意象作为一种“生动的环境”的主张下，林奇提出了“节点”“网络”“观景点”“路径”“边缘”和“边界”，这些语言成为他规划方法的基础，以创造令人印象深刻、清晰易读、交通便利的城市。

因此，林奇的目的是形成一个多种信息的类型学，城市的各种角色参与其中，将“意象”构建为稳定的模式。从社会学的角度来看，这个问题在于将各种路径和观景点汇总到一个单一的“城市意象”中。相比之下，社会学家更热衷于分拆以考虑社会差异。社会学家希望找出社会空间中可能发生的差异和冲突，其中涉及不同的人群（例如，吸毒者、居无定所的流浪者、带小孩的母亲、遛狗者），他们对同样一个空间的“意象”和地图是迥然不同的。任何试图将这些不同的城市意象进行汇总以提出一个单一设计的尝试，都会损害一个或其他的社会群体。好设计的挑战通常是要注意到所有差异和冲突，同时仍然通过设计，来优化具有完全不同甚至互相排斥的使用者的空间。

显然，即使在日落之后“可辨识性”问题更为突出，但林奇和盖尔一样，对夜间城市的意象也所提甚少：如果不是有从油灯、储气灯，到电灯的城市照明设施，城市将消融在模糊不清的霍加斯（Hogarthian）噩梦中。[9]实际上，值得注意的是，林奇和盖尔的方法都可以方便地调整用于设计夜间的空间。[10]从社会方面激活我们的夜间空间，意味着使用光来增加这些空间富有意义的可读性，以及社会活动和交往的可能性。这不仅指出了照明所关注的重点，而且对理解人们的不同活动路径和行动提出了要求。

什么是社会研究？

建筑师、设计师和其他专业人员考虑城市照明时，显然依赖于社会知识和对他们所介入的空间的理解。问题在于知识的安全性和严格性，以及如何将其结合到设计和规划中。第一，设计师通常从对规划和地图的空间分析开始：他们利用自己的经验和训练进行空间的社会解读。通常的假设是，仅仅看一下规划，他们就可以了解人们可能会选择的路径，或者哪些区域是零散的或有问题的。某些方法（例如空间句法）假定人们（至少在最初时）可以从空间形式或几何形状推断社会模式，而不是从对实际社会使用的观察。对一个空间以此而得出的解读可能对也可能错，或者对于某些利益相关者正确，而对其他人则不然。只有通过对空间实际使用者的密切关注，对他们进行观察和访谈，这样我们才能够了解，而不是去印证我们自己的或那些方法中嵌入的假设。同时，我们也无法知道不同的人是如何理解同一个空间——老年人可能会选择与青少年、遛狗者或流浪汉完全不同的路径。

有一个生动的案例充分体现了以上观点。在皮博迪信托公司（Peabody Trust）的怀特克罗斯小区（Whitecross Estate）（图1.1～图1.4）举行的一次关于设计中的社会研究的工作坊中，一组设计师需要为小区局部制定照明设计策略，该部分是位于小区边上的一排6层的住宅楼，建筑的一面朝向外部街道，另一面朝向小区内部的绿色空间。该小组从场地规划开始着手，他们认为可以轻易地将其转化为对这个空间可靠的社会理解。他们认为，显而易见，因为这些住宅楼面向街道，居民会感觉与小区主体有些割裂。此外，建筑前方大部分是一些分散的停车位。解决方案只能通过照明强调建筑的特点和它们与小区的联系。

经过不到1小时的访谈，设计师就发现他们所认为的建筑物正立面实际上在居民看来是背立面：他们通过“背立面”的入口回家，完全没有感觉到与小区的割裂，他们主要是想让照明突出他们真正的“正

图1.1 怀特克罗斯小区工作坊，2014年10月，伦敦，Configuring Light团队：怀特克罗斯小区夜间环境

立面”，以便路人能够理解、认可并尊重他们的进入权。这个故事凸显了一个简单但非常普遍的问题：设计师解读空间的专业方式倾向于利用各种理解和假设，但这些理解和假设需要被实际的社会活动和对设计服务对象的理解所质疑。

第二，设计师一般可以获得附带初步简介的各种社会数据，如调查数据、人流量和犯罪统计数据。这些可能是有用的背景，但需要被诠释和讨论，而不是作为不容置疑的正确而接受。通常，这些数据最适合用于提出后续需要跟进的问题：我们能否更清楚地了解是哪些人构成了总的人流量？为什么这些人在这一时间出现在这个场所？我们能否将一个空间中不同人的安全体验与这个地方所发生的事情的实际类型和数量相联系？

图1.2 怀特克罗斯小区工作坊：通过居民访谈进行社会研究
图1.3 怀特克罗斯小区工作坊：照明模拟
图1.4 怀特克罗斯小区工作坊：在工作坊开始前与居民一起夜游

这类背景数据和设计师所做的社会空间假设都与标准的问题密切相关。标准对于希望通过对不同类型的空间（如出口、人行道、通道等）进行分类来定义最佳实践非常重要，一般会以不同类型的风险和任务来区分，然后设置平均和最低照度水平以及其他参数，如均匀度、眩光和显色指数（CRI）等。经常会忘记的是，这些不同的空间实际上是社会空间，因此很难将它们分类，或在不同的背景下对不同的利益相关者同等对待。

在怀特克罗斯小区，这些20世纪60年代的建筑物每一层都有走道，这些走道从公寓的门前通过，刺眼的壁灯为内部走廊和室内空间提供了150勒克斯的照度。采用这种照明的原因是将空间定义为外部通道，而不是私人入口。但是对于居民而言，走道实际上是他们私人空间的一部分；实际上，一些居民不得不在他们的窗户上用胶带粘上黑色垃圾袋，这样他们晚上才可以睡觉或使用客厅。如果设计人员按照居民对这个社会空间的定义，则照度水平可以设为低至1～5勒克斯（如按照紧急出口的标准）。这不仅仅是“过度照明”的问题；这是社会知识、理解和呼声的问题。谁来定义社交空间？此外，标准具有模糊的法律和专业地位：设计师、建筑师和规划师有时会躲在标准后面以使他们的决定合法化（我必须得按照标准），但他们在实践中也知道为一个特定而独特的空间选择并应用某个标准实际上需要仔细的理解和诠释。换而言之，社会研究和知识可以帮助人们了解这是什么类型的空间以及谁使用它。

第三，通常也是最有用的，设计师在很大程度上依赖从现场访问以及与居民和官员的随意交谈中收集到的轶事和临时信息。“获得对这个场所的感觉”非常重要，在实践中，这些印象通常是设计决策的关键：设计专业人员擅长将他们在许多特定场所的经验带到每个新场地上，从而使他们能够很快地抓住社会意义明显的特征、问题和潜力。但问题在于他们很少有时间、资金或训练来积累知识或跟进这些预感和洞察，而冒险去跟随那些呼声最大或符合自己成见的观点。设计中社会研究的一项主要任务就是找到方法，以帮助发展和构建设计师认识和理解其工作空间的方式。

第四，也是最后，上述问题也适用于公众咨询，这是规划师了解社会空间的最常用方法。从社会学的角度来看，咨询给出的通常是长篇大论且丰富的材料，而轶事却是特定的和不准确的。这其中部分原因是“常见猜疑”的问题：某些类型的人，实际上是特定的个人，可能会非常直言不讳、激情四溢且无所不能，他们的观点可以将设计思维推向特定的方向，特别是如果他们在谈论政治上的敏感问题（如犯罪），或者这些观点正好与设计师或客户最初想做的事相符合。咨询看上去可能代表了“人们”或“社区”，而实际上许多类型的人和观点根本没有参与这一政治进程。

相比之下，社会研究的目的是为了走进社区，去发现并代表那些受影响的利益相关者中的大多数，包括在设计过程中可能未被考虑到的那些人的类型。例如，在怀特克罗斯的案例中，小区里有一个园艺小组，其成员在租户委员会中非常善于表达，但从其他方面看——那些孩子或每天穿过小区的许多非居民——他们既没组织也无法发声。咨询作为参与、动员和民主的一种重要工具，与其作为建立对空间的社会理解的手段，二者之间的混淆是一个主要问题。实际上，咨询工作与良好的社会研究相联系时才能最好地发挥作用，咨询中提出的意见才能够在一个更广泛的利益相关者范围内进行背景化诠释。这样，咨询中提出的问题才能用来指导进一步的研究。

社会理解和知识的所有这四个来源都是很有帮助意义的，而且最重要的是在一定程度上可供设计师和建筑师使用。问题通常是如何更严格地构建它们，利用它们去提出更多需要研究的问题和课题，然后将它们相互关联，为照明建立一个更以设计为导向的基础——所有的这些都会受到实际设计工作的时间、资金和制度上的限制。基于以上原因，我们应该从任何照明设计都需要解决的四个总体问题出发，来思考社会参与度和理解照明空间，但需要以针对该场所特定的方式解决：

- 多样性：我们需要找出然后理解组成这个空间的不同类型的社会角色。城市空间的社交生活不是由“人”或“社区”组成，而是由年轻的母亲、老年夫妇、遛狗者、零售商、通勤者、青少年等组成。社会研究工作是确保我们在资源和客户允许的范围内，在尽可能的深度和复杂性上了解所有这些人。
- 行为：这些人都在做什么或他们想做什么（但不能这样做）？我们能否记录这个空间中不同聚会的各种行踪、活动和事件——并对人们为什么做这些事情及其对他们的意义有足够的了解？

- 场所：对于不同的人来说，同一空间可能是一个不同的场所，每一个可能的设计都会在未来为人们创造出一个不同的场所。社会研究需要研究对于不同利益相关者的空间特性，了解其意义、感觉、氛围和可能带来的冲突与共性。
- 联系：这个空间如何与其他的空间和其他的时间（不同的历史）、与相邻的甚至是远离的场所、与更广泛的政治和经济进程相联系？不同的使用者如何通过他们的日常路线或他们的记忆和身份，将该空间与其他人相联系？

有一种有效的方法可以将这四点与城市照明设计决策关联起来，将所有这些广泛的社会研究直接与特定的照明选择和布置相联系。这种处理方式来自另一种社会研究传统：物质文化研究。从社会观点来看，我们可以认为，照亮什么以及如何照亮的决定是关于在城市空间中什么对于人是有价值的决定。决定去照亮这座桥而不是那个立面，可能是考虑到这些形象对寻路非常重要，或是一个建筑的历史重要性，或是这个空间的氛围感觉，或是与记忆相关，或是对犯罪的恐惧，抑或是所有这些原因中的某些组合；这可能只涉及部分的而不是全部的利益相关者。但是，照明决策肯定需要通过了解那些希望在一个有意义的场所中开展实际生活的不同类型人的价值来获得。

到目前为止，我们很少谈到社会研究方法。关于研究方法还存在一些神秘感，似乎社会学和地理学这样的学科具有或应该具有特定的技术工具或方法——类似于进行光度测量或空间测绘。有时，这等同于依靠调查和量化的社会手段，例如民意测验和人流测量。但我们提倡一种更为多变灵活的方法，以理解空间为导向，且更适合上述关于“了解”的各种实践方式。这通常但并非仅仅与用于社会研究的人种学方法相关。人种学通常首先根据居住在其中的不同人来理解一个社会世界。这些不同的人群及其所居住的空间是独特的，这意味着我们需要利用各种方法及其组合去理解场所，就像一个开始做简报的设计师知道，无论他们用以前的经验可能会发现任何的共同点，但是一个特定的空间必须用它自己的方式来理解。例如，一个场所对于一个长期居民而言，与那些可能会经过该场所却很少停留下来的其他人相比，其意义可能会迥然不同。这可能需要采取不同的手段来确保这两种人都被研究人员所发现；我们需要完全不同的方法来接触和了解这些不同的人群，而且每种方法都可能会提出非常不一样的问题。

话虽如此，社会研究者通常会从较易辨识的方法类型着手，但他们可能必须为特定的目的重新创造每一个类型（例如，访谈可以采取各种各样的形式，就像不同人之间的对话一样）。这些方法类型包括：

- 访谈：与个人或团体进行精心组织的对话，最好是在现场进行，目的是以参与者自己的方式提出和探讨主题。
- 观察：观察、倾听、体验和参与一个社会场景，以理解它对那些参与其中的人如何发挥作用。
- 拍照与录像：以天、周和年的不同时间跨度记录一个空间的社会和空间组织及其内部的照明分布，既可以进行周密的文本分析，也有助于访谈和讨论。
- 示范与安装：准备照明演示、场景和实验、模型和模拟，探索现实空间中光的社会与物质复合的相互作用，以加深和探讨各利益相关者对照明的理解。
- 包括夜间巡访在内的工作坊、咨询和公众参与：利用行为研究活动，参与者能够与照明和空间互动，在公众参与的同时获得人们如何理解光和空间的关键性研究材料。
- 包括统计数字、媒体报道、地图和历史资料在内的已公布数据：所研究场地的线上的和已公布的数据，包括范围更广的经济和政治背景文献，以及越来越多的 大数据和通过社交媒体、智能系统（包括智能照明）和开源数据得出的社会分析。

最后，我们一直专注于针对具体情况的研究——谁在这个空间做什么以及为什么。然而，在不断扩大的网络中去定位空间是社会研究的重要组成部分，网络在空间和时间上将这个场所与更广泛的环境联系起来。有时候这些问题非常明显：如果我们不了解某条大街在一个更大的路网中的情况，不清楚它与周围社区的关系，不知道使用它的不同类型的人，也许我们就无法理解如何去照亮这条大街——例如，新潮的自行车手和富裕的中产阶级来到一个之前是工人阶级或移民聚居的地区。这可能会将我们带入一个敏感的领域：对许多利益相关者而言，一个场所的意义可能会牵涉政治争端、历史创伤、犯罪和灾难、种族冲突等长期历史。在一个大城市中的开发项目可能会引起关于高档化、全球化、种族清洗和不平等的主要关切。显然，照明专业人员的干预能力可能有限（相对于个人而言）。但是，如果只是采用普通的照明设计，或仅仅是为了纯功能或美化而照明，而忽略了一个场所更广泛的历史和相互联系，就很可能会造成这个空间在社会方面的失败或不可持续。

设计过程中的社会研究

以下是位于伦敦哈克尼（Hackney）的一个公共空间设计项目案例研究，探讨了照明设计师和社会研究者可以合作的方式，以更深入且快速地理解那些需要照明的社会生活，它们往往是复杂且充满冲突的。社会研究不仅要找出大家共有的态度（大多数利益相关者都对该地区的多样性及其“村”的感觉感到自豪）和不同的差异（例如在安全考虑上存在很大的分歧）。社会研究可以介入与设计过程的对话，这不是简单地提供设计师必须要回应的事实或证据，而是提出或重构一些如“骑自行车有什么麻烦以及对谁会造成麻烦”之类的问题，以利于产生有创意的设计方法——然后可能会引发更多的社会问题有待研究。

案例研究

窄道
伦敦

建筑师通常没有受过社会研究方面的训练。尽管有些建筑师可能认为这很重要，但他们通常将其视为一个太慢、太困难或学术性太强的过程，结果流于报告而很难付诸实践。为了举例说明社会研究如何在城市更新项目中切实支持更有效的规划，在这里分析了一个案例研究，以说明从社会研究到城市（特别是照明）设计的转化。通过对现场研究提供不同的方法，以及针对不同的社会问题和场所自身的不同方面，社会研究可以产生不同的设计结果。因此，我们的做法是从观察空间及其如何被使用开始，去找出那些需要回答的问题，以及可能提供答案的方法性策略。一个场所绝不只是一个空间：居民的社会和文化活动不断地将其定义或重新定义，每个场所都需要一个专门的研究策略。

哈克尼市政委员会于2015年委托照明设计师对“窄道”（Narrow Way）进行公共区域的设计。由于委员会考虑到这条大街的社会复杂性，因此另外委托Configuring Light的社会研究人员参与该项目。

哈克尼一个明显的社会特征是其正处于重大转变的关口。从历史上看，这是一个以工人阶级为主的地区，因其房价低廉而吸引了多样化的移民社区。近年来，哈克尼已成为一个热门的生活和工作地区，这与伦敦像其他类似的城市一样正在经历的下层住宅高档化（或“时尚化”）进程紧密相关。这种高档化正在从根本上改变整个地区的社会组成。

“窄道”是一条相对较短而窄的大街，2015年我们开展工作时它还是一个未更新的欠发达地区（图1.5）。虽然最近它已经变成了步行街，但很少有独立商店，而是以连锁店居多，例如麦当劳、Poundland 1元店和科拉尔（Coral）彩票销售店。然而，其南段最近受到高档化的影响，房价在过去一年中大涨，一些独立商店陆续开业，同时还有时尚的咖啡馆、餐厅和精致的屋顶露台酒吧。“窄道”的北端是彭伯里小区（Pembury Estate），由皮博迪（Peabody）公司所有，是一个超大型的社会住宅区。2011年，马克·达根（Mark Duggan）死后，该地区爆发了骚乱，因此彭伯里受到了媒体的广泛关注。[11]骚乱之后，哈克尼时尚中心项目得以推进——这是一项耗资150万英镑的计划，旨在“将哈克尼开发成为伦敦的创意中心，同时作为该地区快速发展的时装业的零售枢纽”[12]。

图1.5　哈克尼“窄道”的现状

因此，就该地区的历史和未来而言，现实情况非常复杂，任何不考虑这些社会发展变化的干预，都有可能在早期遭到拒绝而失败。早在2012年骚乱发生的几个月后，市政委员会就选定了一个建筑团队，为该地区提出重建计划。建筑师们用一张逼真的效果图展示了新方案——但这仅是代表白人“时尚人士”而设想的哈克尼的未来，而忘记了哈克尼的起源和近代的历史。毫无疑问，随后进行的公众咨询因为担心高档化和社会清洗而否决了该项目。

方案受到抵制使建筑师们被解雇，同时市政委员会也意识到“窄道”的复杂性，因此要求Configuring Light在进行照明设计的同时开展社会研究。照明设计师尽可能多地参与到研究过程中。这项研究于2015年5月和6月进行，包括在晚上、早上和下午探访该地区。Configuring Light使用了多种方法来了解各类用户的体验，包括在“窄道”上的通行、购物、饮食和社交活动。这个方法是定性的，主要基于半结构化的访谈（与个人和群体），同时在“窄道”沿线现场和市政委员会的会议室中进行，包括从白天到晚上的整个过程用照片的形式对参与者进行观察。那些与市场商贩、顾客、街头艺人、当地零售商和教会领袖以及各种利益相关者的代表、房地产经纪人、时装中心和委员会的访谈尤其有价值。此外，我们还与带小孩的母亲们和一个老年人宾果游戏俱乐部进行了分组讨论，并参加了在圣奥古斯汀大厦与当地居民委员会成员进行的会议。以上活动的目的是确保我们能够从那些不仅与本街道和地区利益相关，而且熟悉情况的人们那里听到最广泛的意见。

表面的情况看上去大致如下：“窄道”的步行街化意味着，过去沿狭窄的街道行驶的公交车现在被改道至其他地方，这在很大程度上改变了这条街道的特性，同时使人流也减少了。现在的喧嚣和热闹程度不比从前，交易也明显萎缩，一些店主为此感到忧虑。此外，由于没有明确的路线可循，骑自行车的人现在在街上疾驰，使行人感到不太安全。尽管如此，步行街化还是使这条街成为一个更具吸引力且愉悦的步行场所。

许多受访者都谈到，“窄道”缺乏个性。例如有人说，尽管尝试“向高端市场进军”，但“窄道”却没有“目标感”，人们也“没有真正的理由去那里”。按照目前的情况，它既不是购物目的地，也不是休闲和餐饮场所。尽管零售和休闲服务的数量相对较少，但许多用户仍然看到了这条街的巨大潜力。在哈克尼的居民中，人们普遍对该地区的社区精神感到自豪——一个当地的商人称其为“村”——而“窄道”就有可能成为这个“村”的核心。每个人都非常清楚高档化的进程，大家一方面担心有可能被迫迁离，另一方面也对新来者成为哈尼克大家庭的一部分而普遍表示欢迎。有意思的是，街上的普通居民和商家对附近要成为时尚中心的计划几乎不了解，大家认为这样的区域除了游客来购物之外，当地人不会经常光顾。

社会研究发现和设计过程

Configuring Light的研究得出了复杂的社会调查结果，这在设计过程中很有价值。设计师的作用是将对这些结果的回应，有效地整合到设计过程中，同时要考虑“常规”的设计约束条件：成本、维护、标准、委员会的政策和条款以及设计简报和调试过程的局限性。我们在此探讨三个问题，以证明社会研究在设计中的价值。

首先，一个重要的问题是如何保持“窄道”富有活力的多样性，这一直被认为是“哈克尼”的代表。所有阶层和种族的人们都表示他们可以接受改变和更新，包括欢迎新的商业、富裕阶层和新的种族，只要混合多样性能够得以保持，同时供给和价格不会阻碍人们在社会或经济上的发展。因此，从数据中可以清楚地看出，所有阶层的人们都希望“窄道”能够“升级”，有“好”的商店提供更多的产品，同时减少那些吸引不良人员和对家庭不友好的顾客的商店（例如彩票店和典当行）。[13]

但是，社会研究也可能引发相互矛盾的问题和要求。因此与许多公共空间一样，“窄路”的第二个重要问题涉及长椅的使用，以及想要（允许人们聚会）还是不想要（为无家可归者提供睡觉的地方或为反社会团体提供逗留的空间）的问题。在这条街道尽头的彭伯里小区曾有一些反社会行为的报道，其中大多数是一群无家可归的人，他们喜欢在拐角处聚集和喝酒。为此，商家们反对安装长椅。但是沿着这条路，年幼孩子的父母却希望有长椅，他们甚至希望在空间中央能够进行一些活动，以便能够聚会和消磨时间。换句话说，既有对安装长椅强烈的反对，也有对安装积极的反馈（虽然安装座位也包括在内）。

第三个问题是关于安全性。自从变成步行街后，由于没有能将行人和骑车人分开的人行道，使得街道空间不太容易通行。实际上，研究表明存在的两个问题，委员会仅发现了其中一个：首先，通勤的骑车人里有新来的当地家庭，他们在街上飞驰对行人造成危险；其次，青少年也骑着自行车在街上闲逛。这两个问题都会被经常提到，但它们是不同问题的一部分，而且也代表着不同的冲突：例如，当老年人提到骑车人的“问题”时，他们指的是青少年；而委员会以为他们在谈论通勤者。经过一些认真细致的访谈，才能发现“问题”是什么，以及对谁有问题。显然，街道家具的使用妨碍了“窄道”的通行和第一个问题有关，而不是第二个问题。此外，老年人将骑自行车与一系列交通和安全问题联系在一起：目前的人行道对于机动车辆和年长的行人都比较困难；老年人很少在晚上使用街道，他们对这两种骑车人都有顾虑，而且更担心犯罪。

正如这些示例所说明的那样，将社会研究纳入设计过程，可以获得对公共场所更复杂和丰富的理解。这强调了设计师在设计中如果不能解决但至少应该考虑的社会问题。最终，设计师的作用是将这种复杂性转化为可以实施的有效设计。与公众咨询或其他用户参与相比，这一过程的不同之处在于，设计决策是建立在场所本身的实际问题上；它们是对空间现实的回应，而不是设计师假定的理解——“最佳猜测”或“常识”，因此可以用源于数据的证据来论证。此外这些示例也表明，对于不同类型的利益相关者来说，这些问题和现实可能会大不相同。

社会研究认为，“窄道”是一个既存在冲突，又带有“村”的感觉的地区，具有强烈的地方自豪感。这对照明及其他设计提出了一个任务：在承认差异的同时支持包容性，这对大多数利益相关者而言是更新的关键。尽管照明无法解决一个地方所有的社会问题，但在社会研究的支持下，好的照明设计可以有助于增强“窄道”的视觉形象。特别是，许多接受访谈的当地人都认同并重视特定的建筑特征，以及“窄道”总体上有趣且独特的外观（例如商店上方楼层的设计，以及街道南端的一棵大树）。

强调这些特征的照明通常可以非常有效地改变街道的感知和价值，也有助于寻路。当然，社会研究的发现并不能解决设计在美学上的选择；它们不会告诉设计师去做什么，而只是让设计师知道他们的选择可能会影响哪些不同的社会现实。在“窄道”的案例中，这些发现指出了一些非常普遍的设计方向，特别是对一个照明项目而言，尤其是对该地区为那种“村”的感觉而自豪的体现。

这种“村”的感觉被转化为照明设计：柔和且温暖的灯光用来提供一个舒适的环境，加上对树木进行投光，并且照亮长椅附近的地方。那些主要的建筑特征，例如钟楼，在夜间得以加强和突出。照明系统的选择也体现了这种“村”的感觉：任意组合的灯笼结合悬链系统，让人联想到更符合人体尺度的环境之美。灯笼被做成传统的形状但内置了铜网，可以发出非常温暖的光线并赋予该地区历史价值感（图1.6）。

突出某些主要的历史特征是核心设计决策之一，其中包括了钟楼（图1.7）和涂绘在建筑物上的一些具有历史意义的广告标牌，同时还计划在市政委员会收回旧市政厅（目前是科拉尔彩票店）的租约后，对其外墙进行照明（并保证不将其租给另一家彩票店）。

使用悬链系统的想法也是源于整个研究的发现，就是希望空间能够容纳尽可能多的活动。因此，将

图1.6 灯笼样品，内置铜网，被选用于“窄道”

图1.7 钟楼照明的模拟

图1.8 “窄道”的市场区

空间从碍事的柱子丛中解放出来供人们使用非常重要。此外，悬链的缆线在结构上也经过计算，可以承受特殊事件所需的临时照明，例如圣诞节和社区提议的任何其他活动。

路面铺装也反映了这种“村”的感觉：温馨的地砖被灵活地布置，可用于各种活动，同时也为行人、自行车和儿童提供了一个可以共享的场地。不提供专用自行车道的想法获得了市政委员会的认同，以防止出现冲突区域：共享的行人空间会促使每个人都关注到其他的使用者并对其负责。

树木被投光照亮可以提供方向感，同时将照明融入城市元素。这是通常用于营造步行区和公共空间的方法，与粗暴的街道照明相反，后者仅将重点放在街道和车辆交通上。人们一般会觉得，投光照亮的树木意味着宜人的步行空间，就像公园一样。

“窄道”应该是一个每个人都可以使用的“城市客厅”，这个想法成为另一个主要的设计思想。因此，设计把各种不同的公共元素都考虑在内，从长椅到喷泉，再到树荫。设计所建议的家具可以发挥不同的作用，其中不仅有座位，而且还有街头游戏、城市旱喷水景、阅读和交换书籍的场所，以及电话充电站和免费的无线网络，以吸引青少年和学生。

最后，关于是否有座位和长椅的讨论取得了成功。这是一个漫长的过程，需要通过社区团体和市政委员会，安装长椅和设定聚集点才能获得批准。由于预算的限制，不能将饮水器或游戏设施纳入该计划，但这仍然是一个重大成果，说服了市政委员会解决了长椅的问题，为所有人创造了一个能够坐下来享受的空间。

另一个重要的问题是，“窄道”南端的小广场中，靠近彩票店的地方有一两个摊位（图1.8）。这个区域显然未被充分利用，这为开展各种活动提供了很好的机会。我们建议在白天容纳更多的摊位，同时也提倡一些夜市。该建议已经被市政委员会考虑。

在社会研究与设计的合作中，设计师（和社会研究人员）需要做出战略性的决策，以决定他们可以、应该以及在何种复杂程度下，处理哪些研究的发现。在“窄道”的案例中，有一些社会研究发现被归类到边缘问题中。例如，决定不考虑“窄道”在夜间不是一个热闹的场所这一现实情况，是因为这已隐含在最小化的社会和商业零售活动需求中。缺少与时尚中心的连接，这对于设计也不是至关重要的，因为事实证明这并不是使用者关注的问题。在与周边地区的关联性上，无论市政委员会的希望如何，设计的干预都只能集中在“窄道”上。虽然让“窄道”成为一个适合家庭的场所这一建议非常重要，但相比之下，让“窄道”成为一个为所有人使用的场所更重要。与其针对特定的用户群，我们宁可选择那些对大多数使用者都有吸引力且可行的活动（我们观察到在该地区有许多青少年），在一天的不同时间段能够进行可负担的或免费的活动，使这个场所在夜间也能充满活力。

与任何设计项目一样，整个过程的成果是众多利益相关者不断协商的结果，其中要考虑政治利益、环境限制、成本、维护问题以及能力。我们最初提出的一些想法已被接受，而另一些由于成本或维护问题而被拒绝。尽管我们的角色仅限于照明设计，但很明显，社会研究对更大范围的设计背景具有重大的影响，强调了照明干预的方法应纳入更广泛的社会与物质的相互联系中。社会研究的应用之所以具有颠覆性，是因为它带来了设计师和规划师可能不想看到或谈论的问题，而这些问题可能会因此被掩盖而忽略。最终，这种研究促使设计师、建筑师或规划师去质疑有关项目最初的设计思想或成见，并迫使他们深入地研究该地区的社会生活。作为社会研究人员和设计师，我们意识到，仅靠我们的努力并不能解决复杂的社会、文化和经济问题，但是我们的工作会引发问题并提供变革的机会。

结论

本章重点关注社会研究在设计过程中的潜在作用。社会研究有助于加深对社会空间的理解，提出有关社会使用者和社会实践的问题，那些更倾向于空间方法的设计师和规划师可能不会想到这些问题。我们指出了一些社会研究的总体原则和方法，并通过“窄道”的案例研究，说明了如何将其用于探索更有社会知识且更具社会意识的设计。

学习重点

1 社会研究可以和空间设计配合使用，以促进对公共空间的社会生活更为综合、积极和明智的了解，将照明设计与不同类型的利益相关者、实践以及环境的广泛需求联系起来。

2 采取更社会性的方法，还能够将照明决策更全面地与公共空间设计和规划的其他方面相联系，以确保我们不仅是做一个照明设计，更是利用照明来发展和支持人们对活动空间的使用。

3 社会研究可以帮助照明设计师提出疑问，同时考虑问题和设计方法，如果只是从空间分析、技术规格或视觉美学的立场出发，照明设计师可能都未曾想过这些问题和设计方法。

第2章

城市照明总体规划——起源、定义、方法与协作

卡罗利娜 · M. 杰琳斯卡-达博斯卡

世界各地的文化和气候或许各不相同，但人都是一样的。如果有一个好的公共场所，人们就会在那儿聚集。

——扬·盖尔[1]

引言 自21世纪初以来，人们越来越清楚地认识到，正确设计的城市照明总体规划非常重要且有益。推动这一明显变化的因素有很多，如照明技术的发展、能源节约的要求、城市品牌的设计和经济、环境的影响、人类健康和福祉，以及以人为本的社会学要求。[2]

由于“独立城市照明设计师”这一职业相对较新，并且在世界某些地区仍未得到充分认可，因此必须建立与城市照明总体规划有关的清晰定义，以说明其性质、范围及意义。在本章中，设计过程中所有必要的步骤和使用的方法都将利用图表加以介绍。这样可以让用户、城市规划人员和其他设计师更易于了解已经建立的方法，并通过普及在这个新领域中现有的研究和实践知识，以促进项目工作分享和专业持续发展。

然而，如果利益相关者之间没有适当的协作流程，也缺乏共同的目标去创建一个美丽的城市供大家相聚其中，那么以上任何一项内容都将无法实现。为了实现具有创意性的结果，同时帮助城市地区在夜间获得适宜的原创性照明解决方案，相互协作非常必要。

本章旨在使越来越多的城市代表、开发商、城市规划师和设计师、建筑师、工程师，以及其他负责设计城市照明的设计团队成员能够理解，创建适当的夜间照明是一项复杂的任务，同时伴随着巨大的环境和社会责任。城市必须制定并充分实施城市照明总体规划，才能获得尽可能减少负面影响的方法，全方位考虑设计的各种可能。

主要术语和定义

目前，国际公认的城市照明总体规划主要术语、定义和方法均尚未明确。这其中的原因有三个。首先，城市照明和照明总体规划的领域相对较新。其起源可追溯到20世纪80年代后期，此类大型项目最先在法国的莱昂（Lyon）、卡昂（Caen）和尼奥尔（Niort）以及英国的爱丁堡（Edinburgh）实施。其次，不同照明相关专业一直在创造新的术语，而不是从其他领域的经验中建立和汲取。所以，每一个照明事务所都是基于自身的专业背景和特别的项目经验，形成自己独特的工作方法，并将其作为知识产权加以保护。最后，在不同国家的照明界也会用母语建立他们自己地方的词汇。通常，一个特定术语的含义在不同的语言中会有所不同。语言上的障碍经常会给不同国家设计师之间的分享造成阻碍。为了促进地方政府对城市照明总体规划的认可和采纳，这个章节将对术语的标准化和工作目标、结构和范围的定义提出建议。

城市照明总体规划（ULM）是一个全面的高层战略规划文件，由创意部分和技术部分组成（详细范围见表2.1）。场所的地理、环境、历史、文化、社会背景以及人的需求，都应全部纳入考虑范围内。规划旨在能够创造一个全面的城市环境，夜幕降临后在视觉上富有吸引力，同时每个单独设计的不同空间都具有自己特有的品质和氛围。规划的现实目标是在可预见的将来，以系统的方式指导人工照明的发展，并在城市、区域或场所的层面上组织协调后的城市建成环境夜景。根据城市或地区的规模、程序和所用的技术，这一过程可能需要长达20年的时间。总体规划的创意部分以图形表达的形式提出创意概念，以便能够用一种易于理解的方式传达照明设计思想。此外，总体规划也会建立一个框架（优先级层次结构），通过明确定义的灵活规则，要求公共区域中的任何照明项目（无论是已有的还是新开发的）都应该遵循。这些规则都是基于背景研究而制定，因此各个元素（如建筑物、路线、广场等）的照明不会相互竞争，而是与城市和景观环境相协调。总体规划的技术部分则提出照明标准和规范，并辅以各种技术建议、指南和一系列目标，用于后续开发。虽然这些文件包含了足够多的细节以描述可预期的结果，但也具有充分的灵活性，允许提出各种创造性的建议。城市照明总体规划设计完成后，下一步的目标就是由地方政府正式批准和采纳，并由其技术部门、服务部门以及外部的建筑和城市规划事务所使用，以指导夜间城市的发展决策。总体规划通过不同的城市照明设计师所负责的项目来执行，并由同样是城市照明设计师的规划设计者来监督。

城市照明总体规划（ULM）
=
创意部分（CP）
+
技术部分（TP）

方法论和概念方式

正如我们在本章前面所看到的，目前尚无确定的规则或准则来决定如何设计城市照明总体规划的创意部分。每个城市照明设计师或事务所似乎都提出了自己的方法论和概念方式。以下所讨论的方法是由作者发现和提出，并大致按时间顺序排列。

第一次世界大战后，随着汽车工业的发展，城镇发生了变化。现代主义者采用的城市规划方法使汽车优于行人，行人不得不使用人行道和人行横道。这些策略、标准和法律都是专门为汽车使用者制定和设计的。[3]

最早的城市照明总体规划是于1965年左右在法国设计的，以车辆的功能要求和不同的道路类型为基础。其中水平照度（光度学中的一种度量，指入射光照亮街道水平表面的程度）被用以区分道路类型。道路类型在标准中则是根据交通流量来进行分类。路灯的美观（造型、安装和高度）是另一个重要的变化因素。这些方案通常是由电气工程师来设计的。[4]

遗产照明和夜间城市美化

在20世纪90年代初期，公共照明的方法逐渐从功能性发展到文化性。法国照明设计师们，也是照明和照明设计师协会（ACE）的成员，为建立和认可室外及城市照明的重要性做出了巨大贡献。最早在公共城市照明总体规划中将城市遗产元素考虑在内的城市之一就是法国莱昂。20世纪80年代末，莱昂拥有历史和建筑地标的老城区被联合国教科文组织列为世界遗产，历史旅游逐渐提上日程，这座城市开始试图重新定义其形象。莱昂城市照明总体规划由阿兰·吉约（Alain Guilhot）于1989年设计，他提出了以水平和垂直照度及不同的色温来强化道路、历史建筑、纪念性建筑和公共空间。[5]这种方法不仅可以重新发现城市的结构及其形态，而且还可以通过照明对城市的美化来重新确立其物质和文化遗产。

随着时间的推移，这种使用大量照明来突出遗产建筑和结构的方法似乎正在慢慢被淘汰。新的方法更为完善，通过在城市中所有重要元素之间建立层次结构，使人们能够在夜间更好地出行，同时建立明显的场所特征。

亮+暗=可辨识性[6]

凯文·林奇在《城市意象》一书中介绍的城市设计可辨识性理论[7]，近年来已成为许多现代夜间照明项目的出发点。这一理论确定了影响人们在日间对城市感知方式的重要城市空间元素。人们需要能够在视觉上识别出这些城市空间要素，并将其组织成一种逻辑模式（即所谓的“意象地图”），以熟悉周围环境且利于出行。林奇认为，“元素本身和体验无关，而总是和其周围的环境相关。”[8]在设计夜间的照明时，根据林奇的理论，空间管理的要素（例如边界、节点、路径、地标和区域）必须要考虑在内。夜幕降临后，所有这些元素的照明都会影响城市空间的感知，以及现代大都市居民的环境和生活质量。对城市空间理解方式上的变化始于20世纪60年代，这对于当今的城市照明总体规划概念至关重要。在20世纪90年代初期，英国的照明实践开始采用林奇的理论来帮助制定城市照明总体规划，其中包括对更多元素的强化原则，如门户和远景、中景及近景。[9]

不同色温和亮度的层次结构

发生在1973年和1979年的两次能源危机引发了照明技术的发展——包括可以提供不同色温且更小的新光源，以及新的灯具光学配光——为欧洲照明设计师提供了新的工具以增强设计，并将想象力推向新的高度。大约在1994年，法国设计师为新加坡市政区（Civic District of Singapore）的照明总体规划提出了一种新的方法，将照度和色温[以开尔文（K）定义]相结合，应用于街道、人行道、建筑物、构筑物、公园、开放空间和景观，以强化区域的特点并建立视觉秩序。[10]色温和亮度的概念从低亮度的非常暖的白光（2200K）照明，上升到中等亮度的暖白光（2500K和3200K）照明，再上升到高亮度的冷白光

城市照明总体规划（ULM）= 创意部分（CP）+ 技术部分（TP）

城市照明总体规划[ULM]的范围——概述　　表2.1

类别	方法
背景研究	场地分析（理解场地环境）： • 日间和夜间现场体验的影像记录（可辨识性、氛围等） • 现有照明设备的影像记录（不好的和好的照明示例）以助于全面审查 • 现有照度和亮度水平的测量 • 确定目前和将来以步行、车行和其他交通方式到达和进入场地的路线 • 确定居民、访客和旅游者的夜间活动形态 • 确定现有的主要空间要素（进入城市的门户、边界及桥梁、视线及远景、全景/天际线、集会场所、地标、路线） 咨询与反馈： • 向公众及政府，如当地市政委员会、警察、安全和无障碍小组等 • 向主要的设计团队成员 • 向其他专家，如生物多样性顾问、生态学家、历史学家、场地安保及维护人员
设计（定性）	创意部分（指创意概念）： • 最初的主要想法（高水平设计） • 整个场地的照明方法建议（人行道，非机动车和机动车道，建筑物与构筑物，广场与聚会场所，软、硬景观，用于整个场地的灯具系列，场地周边现有照明的升级，工地与安保照明等）
	交付格式： 多媒体演示、演示板、打印文本等（根据项目规模和合同协议而定）

续表

类别	方法
设计（定量）	技术部分（指各种技术方面）： • 设定城市照明总体规划的阶段和未来发展区域 • 确定照明政策、标准、流程和指导原则的参考 • 根据当地建筑项目阶段的划分确定照明设计流程（初期可行性，概念设计、深化设计、详细设计、制作、施工、调试及编程） • 确定用于整个场地的灯具系列方案 • 根据光源的方向确定照明方式 • 根据照明设备的集成确定照明方法 • 根据光源的技术确定光源类型 • 确定灯具类型及其附件 • 根据当地的照明标准和规范确定技术准则——水平及垂直照度、亮度、均匀度、色温、显色性、眩光、设备位置、设备平面布局及高度、维护（替换和清洁） • 确定与场地相关的环境分区 • 为租客、零售、商业、灯光标识及广告、媒体立面、残障人士（包容性设计）、可持续性、能源消耗、环境和生态制定照明指导原则
	交付格式 带有表格、图表等的硬封面文档册

（4000K～5000K）。此外，车辆和行人的路线根据其重要程度、位置和特点，从高度、形式和光学配光方面考虑使用不同的街道照明灯具。同时，现代的摩天大楼和桥梁使用5000K的冷白光照明，而传统的历史性低矮建筑则用2200K的暖白、金色和橙色光照明。绿地则通常使用4000K的冷白光以加强其绿色。这种新方法的主要目的是通过在夜间使用人工照明，来增强城市这一区域的建筑和景观元素。通过这种之前在亚洲从未有过的方式，该地区的夜间形象得以确定和提升。

用阴影和色彩设计

直到21世纪初，东南亚的城市照明主要受到西方设计方法的影响，用灯光强调城市空间的要素，但这一方法与城市的地理位置、气候条件或文化几乎毫无关系。因此，当2006年为新加坡市中心制作的城市照明总体规划采用了当地化方法，基于热带气候而着眼于色温和阴影的方案，由于与当地人产生了某种联系而受到欢迎。[11]

新加坡位于赤道沿线，白天热量充足，阳光强烈且湿度大。在这种炎热的气候下，人们倾向于在傍晚和深夜进行户外活动，因此通过照明的方式将热带植物进行强化。冷白光和蓝光所具有的心理作用被用以创造愉悦轻松的夜晚。同时，由于白天有很多直射的阳光，人们常常在树下休息，树木的阴影形成了千变万化的图案。这样的观察被应用在城市照明方案中，使用图案投影灯创造出对比效果，富有韵律的阴影图案形成兴奋点。

值得注意的是，亚洲城市在夜间看上去和欧洲城市有很大不同，在灯光的色彩、动态和亮度方面，欧洲多采用低亮度水平且静态的城市照明。许多亚洲城市都计划利用互动照明等新技术打造标志性的天际线和滨水区。在新加坡，色温的概念与建筑物的高度相关，所有的建筑边界和街道水平都使用暖白光，150米以上高度的建筑物顶部则使用冷白光，色温从4500K到最高6000K。

现场之旅

在21世纪初期，出现了另一种被称为“现场之旅”的方法，即城市照明设计师通过观察不同的使用者，以及他们通过公共区域和视觉关联场所时的活动，然后利用灯光来改善夜间在不同场所间通行的体验。[12]在本章稍后介绍的案例研究中，国王十字中心城市照明总体规划也采用了这种方法，灯光被用以提升从一个场所到另一个场所的移动体验。游客可以选择国王十字中心方案中拟定的一号路线，从车站广场（Station Square）经由林荫大道［the Boulevard，如今的国王大道（King’s Boulevard）］和运河广场（Canal Square）前往谷仓广场（Granary Square）；二号路线是从梅登巷桥（Maiden Lane Bridge）经由运河纤道前往储气罐区（the Gasholders）；最后的三号路线是从约克大道（York Way）经由商品街（Goods Street）和刘易斯·丘比特公园（Lewis Cubitt Park）前往运河街（Canal Street）。

暗夜基础设施

在2010年左右，新的“暗夜基础设施”方法逐渐兴起。这种方法受到两个主要因素的影响——首先，诸如LED光源和照明控制系统等新技术的日渐成熟，使控制与调节城市照明成为可能；其次，人们关于人工照明对自然环境产生负面影响的意识，使暗夜成为一种需要被保护的资源。这种想法是要创建一种新型的总体规划，它与城市照明总体规划类似，但这次是使用黑暗将暗夜带回城市，以保护夜间生物多样性。其背后的理念是“去了解城市的尺度，哪些地方应该可以看到暗夜，哪些分区由于是自然区域而应该保持在黑暗中，哪些地方的黑暗应该被调整或改变，哪些地方由于是人们生活的住宅区而应该正确使用照明。”[13]很多的照明设计都展示了夜间整个设计范围的黑暗，在不同的时间会如何变化。

以上介绍的任何一种方法都可以采用，但问题是：哪种方法最适合当下，并与人最为紧密相关？在我看来，最基本的方法是为人去营造场所，并融入当地环境，但首先，正如扬·盖尔所建议的那样，人们必须“走到那里，看看什么是有效的，什么是无效的，并向现实学习。看看窗外，待在街道和广场上，观察人们实际上如何使用空间，并从中学以致用。”[14]此外，我们需要摒弃面出熏（Kaoru Mende）曾描述的那些“过分浪费能源和不必要的灯光，这是20世纪照明环境特有的产物”[15]，使我们能够找回小时候看到的星空的感觉。

城市照明的“三剑客”

今后的城市照明工作可以由三种专业人员互相分担责任（图2.1）。每一种专业人员都具备特定的照明技能和/或项目知识组合能力，从而在城市公共区域的不同责任层级上提高交付成功解决方案的可能性。

城市照明设计师（ULD）是在城市层面从事城市设计领域工作的独立专业人士，专注于建筑与建筑之间的相互联系和空间创造。他们不仅具有城市空间结构及其设计方面的知识，理解城市运转的方式，而且也具有规划制定和项目评估方面的知识，通晓地方、州和政府的计划、流程和法规。城市照明设计师在进行整个城市照明总体规划或某个城市照明项目时，除了创意方面外，还必须考虑各种经常互相冲突的问题，例如可持续性、光污染、照明技术、人的健康与福祉、环境状况、能源法规、法律和分区法规。相比之下，建筑照明设计师（ALD）是在建筑层面进行照明系统设计的独立专业人士，包括自然光和/或人工照明，从室内到室外，以满足人的需求。城市照明设计师和建筑照明设计师对于一个项目中包括灯具、光源和照明控制在内的产品选择都是完全独立的，旨在能够提供最合适的解决方案和工具。照明设计师如果加入了国际照明设计师协会（IALD）——国际公认的成立时间最早，且专门致力于独立专业照明设计师的组织——他们必须做出书面声明，除了与投资者/客户签订的合同所规定的报酬外，他们不会以任何其他形式获得财务上的利益。他们绝不能以从照明设备制造商处获得任何回报作为交换，将特定照明制造商的产品纳入最终设计规范。最后一位团队成员——城市照明规划师（ULP）——为机构（如当地政府的规划部门）或规划组织（如政府资助的地方开发部门）工作，负责制定高层级的政策，考虑控制公共与私人空间之间关系的监管框架。理想情况下，城市照明规划师可以为项目带来大量有关规划专业和开发流程的理论、原则和技术方面知识，以及对州和地方上与各种规划主题相关的法律、条例和法规的理解。城市照明规划师还对与规划有关的立法进行评估，并负责城市及建筑室外照明项目规划申请的批准。

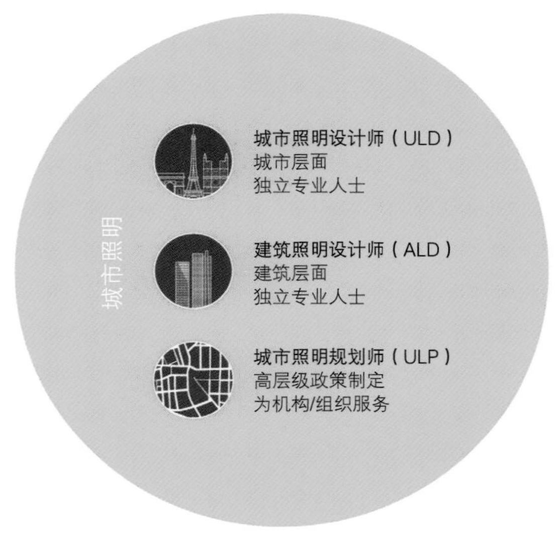

图2.1 城市照明——图解城市照明设计师（ULD）、建筑照明设计师（ALD）和城市照明规划师（ULP）之间拟分担的责任

认识您的合作者

目前，城市开发项目是由大型设计团队和施工企业所领导。随着跨行业和多学科的技术变得越来越复杂，项目的范围被划分为多个细分专业。因此，设计团队正在逐渐扩大，其中包含了专业设计师和顾问/专家，他们的专业资历在几十年前甚至还不存在。专

业、独立的城市照明设计师的介入正是其中之一。

城市照明作为一门设计学科，作者所进行的研究及在照明领域的专业经验，使制定城市照明项目团队的组织架构图成为可能（图2.2）。该示意图旨在说明城市照明项目正确开展的合作原则。

应该强调的是，设计过程中每个团队成员都有不同的能力，因此城市照明设计师应该是能够根据当前需求而跨越自身领域界限的专业人员。作为专家，只有与设计过程中的其他参与者紧密合作，他们才能为外部照明提出最佳解决方案。得益于创新照明技术及其跨学科知识的运用，城市照明设计师可以支持城市规划师、景观设计师或建筑师的艺术设计愿景，同时专业地参与到项目规划的全过程中。

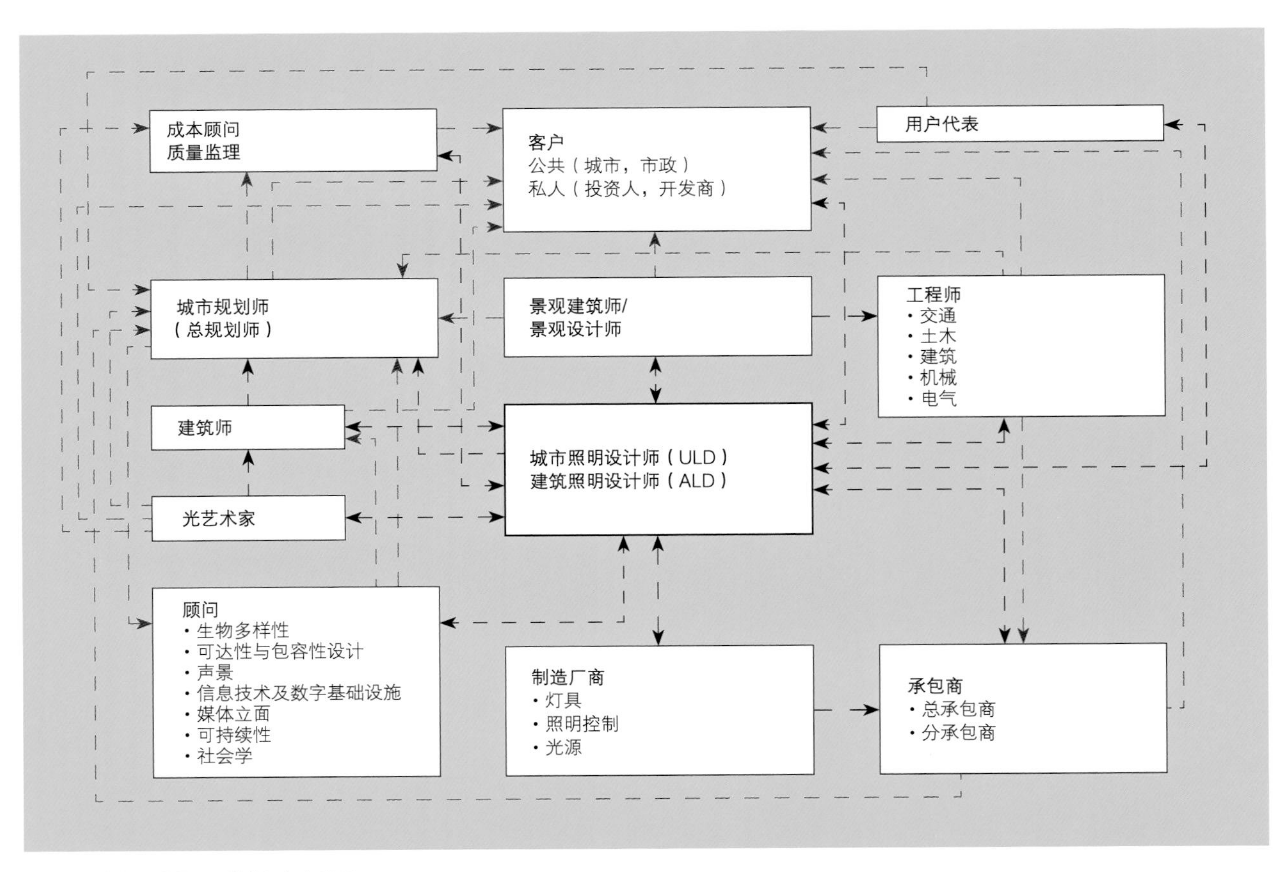

图2.2　城市照明项目团队的组织架构图

案例研究

国王十字
伦敦

本案例研究的目的是将城市照明总体规划项目置于场所环境中，以展示其在现实条件下如何发挥作用，而不是仅提出理论方法。案例研究还应帮助读者了解在设计时间表内需要完成的工作，以及何时、为什么和如何完成，同时深入了解由照明顾问所提供的服务，这是多方合作所创造的最终结果。

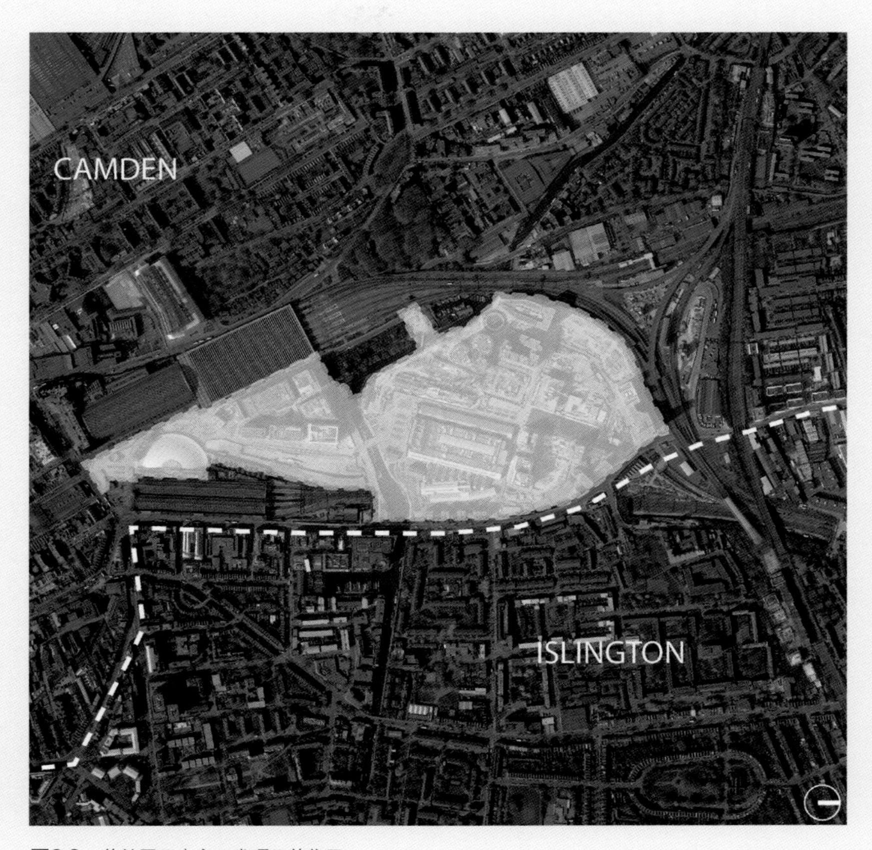

图2.3　伦敦国王十字开发项目的位置

国王十字（King's Cross）是伦敦市中心东北部的一个城市更新开发项目，由大约27hm²的原铁路用地和工业设施组成。到2020年后该开发项目全部完成时，它将成为欧洲最大的城市更新计划之一。该开发项目内不仅有正在更新的历史区域，也有新建区域。该空间与一个城市自然保护区——卡姆利街自然公园（Camley Street Natural Park）相邻，同时雷金特运河（Regent's Canal）从场地中间穿过。这里还是一个交通枢纽，国家干线火车站将通往巴黎的国际高铁与六条地铁线相连（图2.3）。

在维多利亚时代，这个地方是一个重要的铁路货运场，但在20世纪70年代却逐渐衰落。最近的更新始于2007年，之前无论是从字面上还是在象征意义上，这里都曾是伦敦的一个黑暗地区，犯罪、反社会行为、吸毒和卖淫泛滥。但与此同时，运河、储气罐和历史悠久的铁路建筑，造就了这里浪漫的环境氛围。一开始，开发商和客户就意识到这里的土地、建筑物和构筑物具有特殊的价值，他们希望能够确保新开发项目不会失去该地区独具的特色。开发商试图创造出各种不同的公共区域，每个都有自己的氛围和场所感，从白天到晚上都充满活力。[16]

公共空间对人的重要性

如今，城市地区的设计方法正在发生变化，其目标是从“汽车城市”转向“步行城市”—— 因为时间非常宝贵，所以人们希望所有的东西都在附近。大家更喜欢步行、骑车或使用公共交通工具，而不是被堵在路上，而且还要到处寻找停车位。国王十字的开发商了解为人而设计公共场所的需求，并且也明智地采取了这样的方法。开发商把人放在交通之前，重点考虑步行和骑车。汽车的使用也通过各种方式被尽可能地减少，例如建立与公共交通工具（火车、地铁、公共汽车）之间的连接，以及只有一条必要的道路从谷仓大楼（Granary Building）前贯穿整个场地。该开发项目的北部有一些道路，但场地的其余大部分都是步行区，极少会出现汽车。这就是使这个开发项目与众不同的原因，同时也鼓励了行人在那里逗留。从场地的南端步行到北端大约需要15分钟。此外，开发商理解城市规划的最新趋势及理念，通过解决在公共空间中重建公共生活的问题，来创造出令人愉悦城市。据开发商报告，他们花了大量的时间来考虑建筑物之间的空间，以及人们如何使用这些空间。[17] 因此，建成场地的近40%已被决定用来作为公共区域，其中包括10个新建的公共广场。

混合用途的开发项目逐渐受到青睐，就是为了能够创建一个充满活力且成功的城区，增加白天、晚上和周末使用该开发项目的人数。这其中包括商业办公空间和其他工作空间、住宅（高中档住宅以及社会住房和学生宿舍）、零售和休闲空间以及酒店和教育设施。此外，随着项目工作的进行，开发商提出了一个非常特别的愿景——将伦敦艺术大学（University of the Arts London）引入这一超大规模开发项目的中央。对于定义活力与创意氛围而言，将艺术学校置于商业发展的中心至关重要。这将带来文化、青年、教育、精彩刺激和新生活。从开发商的角度来看，这是一个聪明的策略，可以为潜在的租户创造绝佳的机会。随着更多的活力和年轻人的涌入，新的租户随之而来。这很可能是谷歌（Google）被新场地奇特的风格和氛围所吸引，而决定在这里建立欧洲总部的原因之一。

这个场地的南部已经人满为患，有许多有趣的临时活动可供体验。如果去那里走走，总会碰到一些正在举行的艺术文化活动。

建设期间及之后，在围绕不同用户群所设计的所有活动中，人们都能从扬·盖尔的话中找到共鸣：“一个好的城市就像一个好的聚会。如果人们玩得开心，他们就会逗留得比实际需要的时间更久。”[18]

这些活动显然有助于使该开发项目成为一个令人兴奋的目的地而吸引人们。其意图是“提供特别的、在伦敦其他地方无法实现的活动。”[19]

这个开发项目另一个值得注意的方面是，除了作为白天的目的地外，它正在创造一种积极的夜间经济。位于该开发项目中心的国王十字交通枢纽，以及营业至深夜的酒吧和餐馆，都对此有所帮助。城市照明方案中体现了这一愿景。

城市照明设计师（ULD）的任命

该项目的城市照明设计师，也是Speirs+Major照明设计事务所的负责人马克·梅杰（Mark Major）在接受委托之前谈到了照明设计的方法和经验。协作与咨询是设计过程的重要组成部分，设计师应与地方政府、警察、安全和无障碍小组以及参与此类项目的许多其他利益相关方合作。梅杰解释道：

> 每次为一个区域制定城市照明总体规划时，你都能学到一些新的知识。因此，你参与的下一个项目和之前的是不一样的。设计这些项目没有绝对的公式，否则就不会有任何的进步。但有某些共同的原则和共同的方法，在某种程度上可以适用于所有的城市或其局部。[20]

这个城市照明总体规划分为两个阶段：首先，以文本和多媒体演示的形式设定照明愿景。它包括为场地内确定的主要城市元素提供具体的高层级方法：如过渡区域（开发项目内部和外部的街道照明质量）、遗产建筑、桥梁和隧道、水

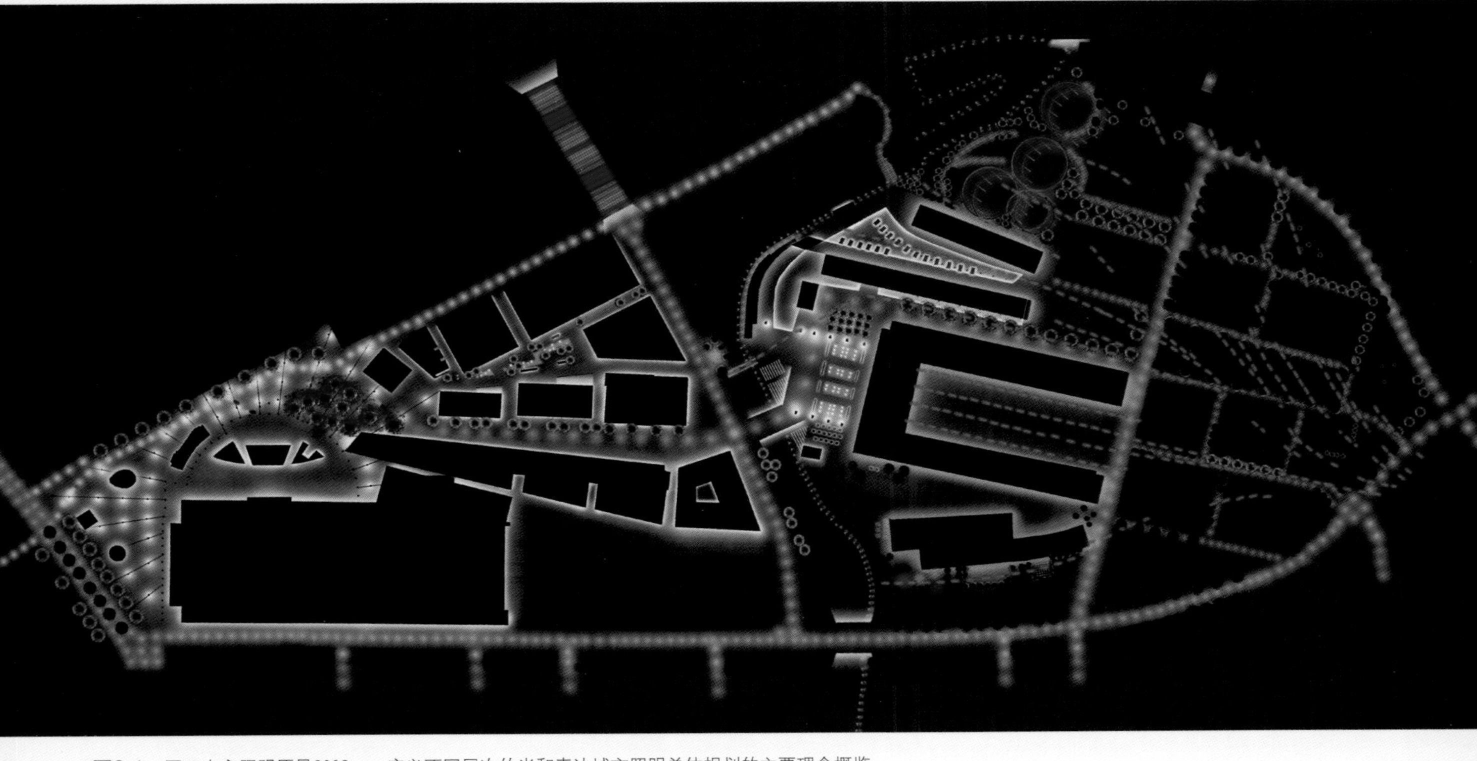

图2.4 国王十字照明愿景2006——定义不同层次的光和表达城市照明总体规划的主要理念概览

体、景观、街道和场所（图2.4）。项目团队也认识到，他们需要着手考虑这些方法的各种技术方面；将其转换为更为具体的设计规范，但不是去设计实际的照明——就像是一个指南，而不是最终设计。因此，更详细的技术附录随后得以制定，其中包含每种不同街道和空间类型的设计规范，为照明的实现提供更多技术标准。

其次，他们还提供了零售和商业指南，以及其他相关问题，例如残障人士的可达性，有关光溢出、光污染和生态方面的环境指引。所有这些更为严肃的技术和科学问题，也都被视为照明总体规划的一部分。

国王十字项目中重要的是，城市照明总体规划在更长的时间内得到了发展，这需要进行更大程度的协作，同时理解设计是一个持续的过程。照明设计师相对较早的介入——项目还在策划的时候，设计公司的工作已经在其他设计方案之前完成。对于这个特定的开发项目而言，另一个不同的因素是，设计公司始终将其方案直接提交给决策者，这就有可能很快收到反馈并利于讨论。

制定城市照明总体规划比单个室外照明设计项目要复杂得多。您必须了解环境背景，与所有的利益相关者协商，和团队中的每个人进行协作，然后才能得出解决方案。否则，您的设计只是建立在假设的基础上，而不是基于真实的情况。

如果缺乏前面提到的所有工作，您就很难提出高层级的方法。梅杰解释道：

> 除非我们愿意真正地花时间在晚上到现场走走，拍照并记录照明水平，与所涉及的每个人交谈，获得更深入的了解，并进行大量的研究，否则我们将无法提出任何建议，因为我们是在一无所知的情况下开始去做这件事的。[21]

咨询和反馈——让社区参与进来

开发商将这一开发项目视为“人的城市”。[22]因此，他们通过建立一个清晰的分步流程，同时认真对待方法和调查结果，从而将咨询置于项目的核心。在2001年7月至2002年12月期间，他们与4000多人进行了交谈并介绍了该项目及其设计，其中包括来自150多个社区、企业和其他组织的代表，从而就提出设计方案和构想达成共识。其中包括伦敦的卡姆登（Camden）和伊斯灵顿（Islington）自治区、英国遗产基金会（English Heritage）、英国建筑与建成环境委员会（CABE）和大伦敦管理局（GLA）等。

在专家的帮助下，开发商进行了访谈、问卷调查、活动和工作坊，并从其专用网站上收集了电子邮件和反馈意见。[23]典型问题包括：“哪三个单词或短语可以概括您希望国王十字将成为的场所?”“改变国王十字将需要很长时间，您认为应该先做什么?”“对于这个开发项目，您在社会和经济方面重点考虑的事项是什么?”“对于这个开发项目，您认为在环境方面应该优先考虑的事项是什么?”

开发商还积极与儿童和年轻人互动，以带给他们一种归属感，因为他们将来可能会在这个开发项目中生活或工作。

通过让当地居民参与规划过程，开发商可以避免忽略那些对当地社区而言非常有价值的重要方面，例如为改善公共区域的而建设新道路和新空间。因为规划师和设计师通常并不生活在他们所设计的地区，所以这些情况通常会被忽视。开发商分析了大量的信息和反馈，并将这些信息传达给设计团队。从城市照明设计师的角度出发，通过模拟和/或向更多人展示人工照明的效果来进行咨询和说明项目构想，对于任何开发项目在夜间的成功都是必不可少的。

通常而言，对于私人开发项目，在城市照明总体规划的设计过程中不会与居民进行社会咨询，但是国王十字的照明顾问则不然，他们与焦点小组进行了交谈。在国王十字的个人参与和咨询方面，照明设计公司与卡姆登区议会（Camden Council）讨论了道路和开放空间的照明问题，与和雷金特运河有关的运河和滨河信托基金会（the Canal and Riverside Trust）代表，以及卡姆利街自然公园的负责人进行了交谈。虽然自然公园并不包含在这一城市计划中，但照明顾问认为，听取他们对所提议的城市照明总体规划的反馈也很重要。他们还和不同的小组进行了讨论，例如管理国王十字安全与维护工作的布罗德盖特地产公司（Broadgate Estates），甚至有几次在晚上还和他们一起在小区里四处走动。他们查看了功能性和装饰性照明的安装情况，并解释了为什么某些事情是要按照某种方式来完成，从而开启了成功的对话过程。马克·梅杰解释道，“将来与那些管理场地的人员建立更多的联系和磋商将会非常重要。伦敦、柏林等复杂城市的成功与否，很大程度上取决于它们是否得到妥善的管理。”[24]根据梅杰的观点，“看一个城市可以通过两个层次：硬件（建筑物、景观、纪念物、艺术等）和软件（寻路、照明、信息系统）。这些东西就像一个视觉信息网络，使城市得以运转。光就是视觉信息，因此它影响着城市的每一个角落。”[25]

安全与安保

与白天相比，城市空间在夜间看上去可能有很大的不同。通常会缺乏三维提示，人们在行走时会感到方向迷失和不适。通过公众咨询后，安全很明显是大多数当地人的主要优先事项之一。[26]城市照明设计师还需要尊重照明法规，并应与地方政府、警察和其他有关方面进行讨论。在国王十字的开发项目中，他们更多地关注垂直亮度（表面亮度），而不仅是水平照度（落在表面上的光的数量），后者是由照明标准所规定。这样做的原因是人类将外部环境视为三维空间，而导航方式则是通过视觉吸引其周围最明亮的垂直表面。因此，在人行道上提供足够的光线并不一定有助于让在该人行道上行走的人感到安全，因为他们可能无法看清路人的面部表情而识别其意图。

城市照明设计师应设法向其客户、其他顾问和一般公众解释城市照明中“安全”（与人们不被撞到、摔倒或发生事故等有关）和“安保”（涵盖了所有从担心犯罪，到摄像头，再到出于安全目的而利用照明所采取的措施）的含义。

针对国王十字提出的方法是安全且令人放心地照亮一切，但要保持平衡，而不是过度照明，以免失去其原有的特色。国王十字在夜间有一种非常特别的感觉——它不会让人觉得危险，而是使人感到有趣。

此外，其中一个重要方面是当工人和通勤者离开时，使开发项目保持“活力”，没有死角和活动暗区。因此，地面层所有单位都没有出租给商业办公室。照明设计公司专门创建了一套灵活而非规定性的零售照明指南，以确保由业主和租户，或代表他们所设计的照明可以为整体开发项目做出积极贡献。

方法学

正如凯文·林奇在《城市意象》[27]中所阐述的那样，可辨识性和思维导图的方法加上现场之旅，是这种方法学的重要组成部分。同样重要的是要考虑13个“照明设计标准”的矩阵——舒适性、氛围、可辨识性、意象、可达性、安全、安保、成本、可建造性、维护、环境影响、能源和可持续性。梅杰认为，“作为照明设计师，你需要研究以上所有内容，并努力达到平衡。同时重要的是，涉及这些因素的每个人都需要被考虑到。”[28]有了对国王十字的城市照明总体规划，我们就有了一个强大的工具，以指导与夜间建成环境相关的决策。它为未来的城市生活提供了愿景、建议、参考以及定性和定量工具。这些贡献使其他照明设计师可以设计出照明方案，以响应确定的社会需求，同时使他们能够做出明智的决策和设计选择，这样城市照明项目就能够持续地被呈现和表达。

与业主和其他团队成员的关系

与许多项目一样，在国王十字项目中，照明设计公司是由业主直接指定的，而不是建筑师、城市总体规划师和/或景观设计师。这种独立性使其与其他团队成员一起工作以提出独特解决方案成为可能。有时，照明设计团队由彼此不相关的不同学科组成，而在其他设计团队中，工作关系则非常紧密。这完全取决于业主，因为是由他们召集并领导设计团队。团队领导者的行为对项目的文化会产生巨大的影响。

城市照明设计师的当前和未来角色

如果现场参与项目的照明设计师有任何疑问，则开发商可以建议他们与照明设计公司联系，以确保他们查询了城市照明总体规划。照明顾问监督承包商针对各种项目（尽管不是全部）的技术方案，并确保总体的照明愿景和各种照明方案细节得以正确执行。城市照明总体规划提出设计原则，最终将有许多不同的照明设计师参与到这一复杂的照明方案中。

以国王十字为例，照明设计公司为他们所涉及的各个项目区域制定了照明策略，每个区域都有自己的特点和场所感，从白天到晚上都充满生气。与大多数城市照明总体规划一样，这个开发项目一直在持续进行中。

谷仓广场——走向更人性化的城市照明设计

国王十字开发项目的城市照明总体规划遵循了广场在整个场地中形成焦点和聚集点的想法（图2.5）。[29]广场作为小型当地街区，人群密集且活动多样。为居民和游客设计的照明恰到好处，令人感到非常惬意，为这些重要城市空间的特色做出了直接的贡献。

谷仓广场（另请参阅第6章）是国王十字开发项目场地中最重要的公共空间。它毗邻刘易斯·丘比特在1852年设计的谷仓大楼。这里以前是驳船用来停泊和卸货的

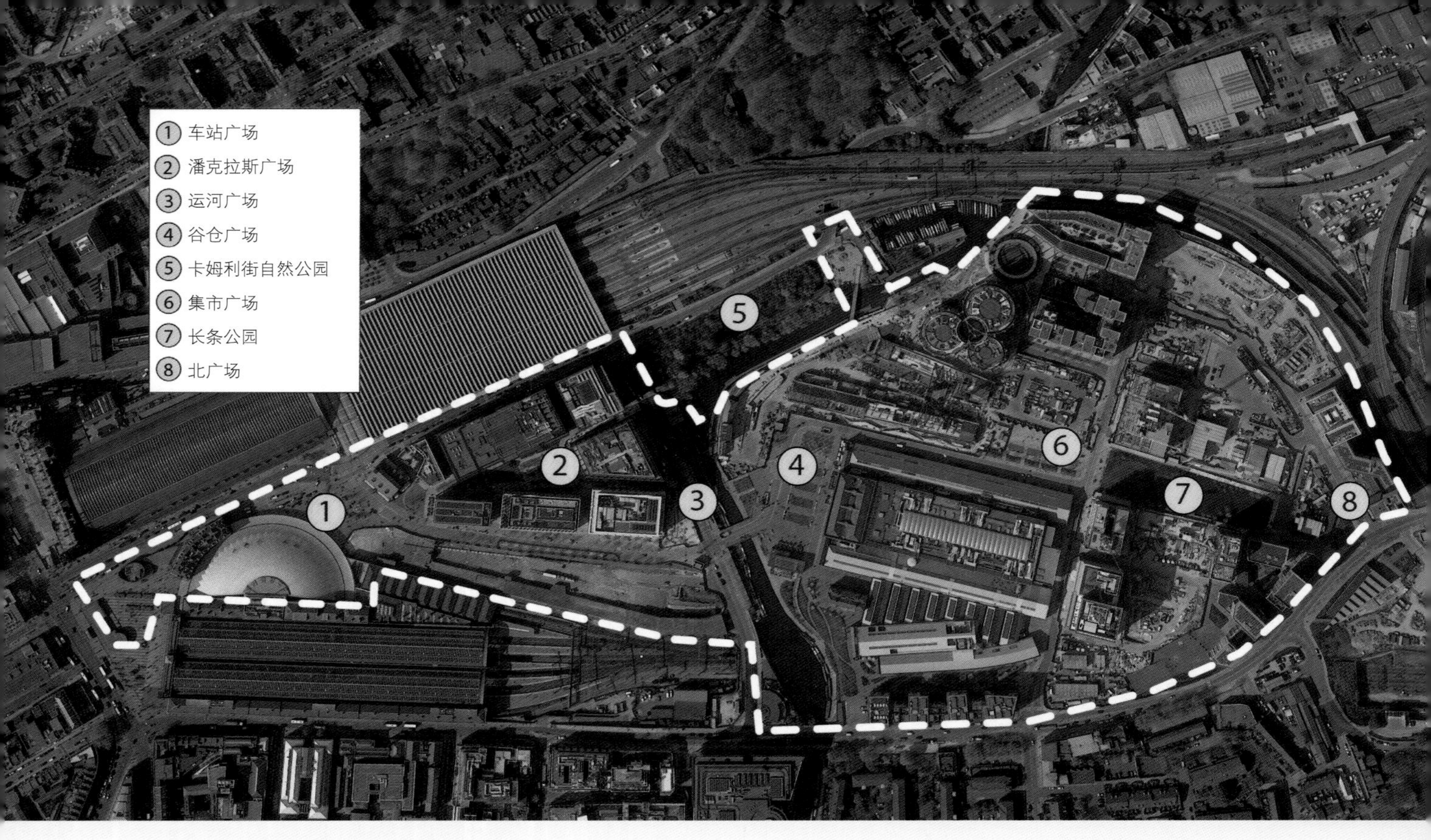

图2.5 广场的位置，根据2004年国王十字中心公共领域策略，这些广场不但形成焦点，而且为居民和游客提供聚集的场所

运河泊船处。经过翻新后，谷仓大楼现在成为伦敦艺术大学中央圣马丁艺术与设计学院（University of the Arts London，Central Saint Martins）所在地。通过谷仓广场的转变，可以发现如何使一个阴暗且毫无生气的废弃之地在夜间得以重生（图2.6）。如今，这个位于国王十字中心的城市广场已成为伦敦最重要、最著名的新公共空间之一（图2.7）。这是一个充满活力的目的地，可举办各种文化活动。

改造期间，广场的照明设计和优雅的建筑和景观方案一起，为活动提供了高度的灵活性（图2.8）。通过将一些元素引入空间，例如照明与树木、水景、咖啡馆和带有露天就餐场所的餐厅以及艺术品相结合——就有可能鼓励人们在广场及其周围环境中逗留。为了定义空间，同时为活动提供背景，广场

图2.6 谷仓广场，以及列入二级保护名录的谷仓大楼，在夜间展现其独特的个性

利用灯光形成围合。这种“围合”包括侧面雄伟的谷仓大楼立面上柔和的照明，广场的一端是对一排交织成行的树木的照明，另一端则是像灯笼一样的展馆建筑（Pavilion Building）所发出的光。广场的一般照明由间接照明技术提供，因此灯光是漫射型的，不会引起不舒适的干扰眩光。为了避免对景观、谷仓大楼外立面，以及安装在广场中与活动相关的设施造成影响，广场上没有使用灯杆。灯具和反射器集中在两根15m的高杆上，高杆的位置经过仔细考虑，以确保谷仓大楼的视野不受阻碍。在活动期间，广场的照明水平可以被提高，以支持成千上万人的安全活动。广场上还设置了馈电柱，可以为大规模的临时活动照明提供电源和数据；不使用时则会缩进地下。没有活动时，四个长方形的水景分布在广场内。

图2.7 白天的谷仓广场——伦敦最具活力的新公共空间之一

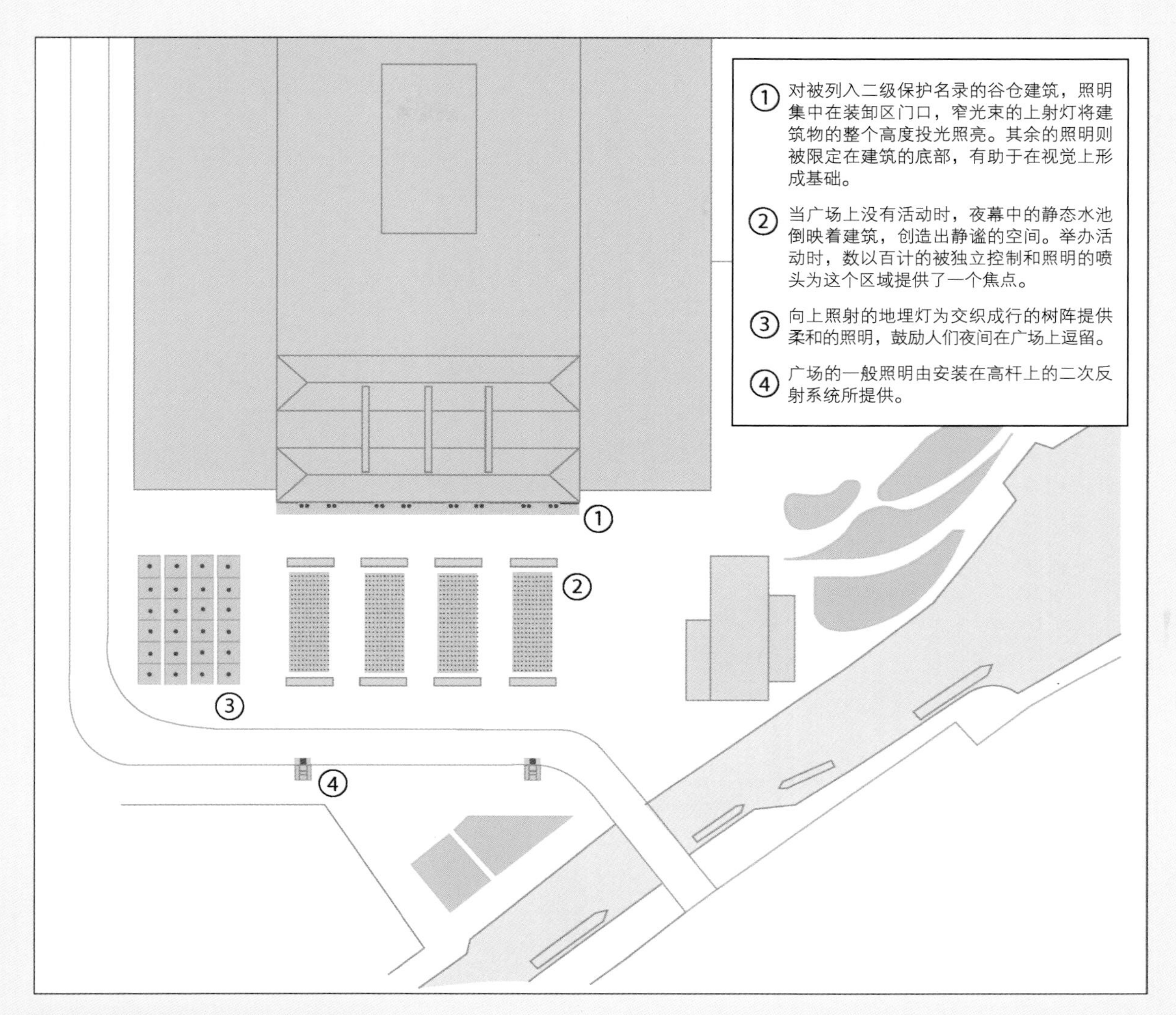

图2.8 照明布置总图，强调了谷仓广场中的不同照明元素

水景可以安静地处于夜色中，倒映着谷仓建筑，创造出一种静谧而沉思的空间。当水景被激活时，数百个喷泉喷头可以被独立控制和照明，形成千变万化的景观，成为该区域的焦点。被列入二级保护名录的谷仓大楼构成了广场的背景。照明集中在装卸区门口，窄光束的上射灯将整栋建筑投光照亮。灯光在朝向建筑物顶部的垂直表面上逐渐减弱，但面向地面的水平表面（例如装卸区门楣和檐口）会被强烈地照亮。与此同时，窗台也被向上照亮。其余的照明则被限定在建筑的底部，有助于在视觉上形成基础。暖白色温在此使用以强调墙砖中较多的红色。自从2012年6月开放以来，该广场已成为伦敦广受欢迎的新目的地，并由于其安全、舒适、无障碍的空间设计，以及所有年龄段的人在白天和晚上都可以使用，项目在2013年荣获了“卡姆登设计奖”（Camden Design Award）的最佳新公共空间。

储气罐公园

为了突出这个开发项目的特色，照明愿景建议在整个场地内对选定的重要遗产建筑物和构筑物（包括标志性的储气罐）进行照明。8号储气罐曾一度占据了国王十字的整个视野。这个宏伟的历史性构筑物（由铁格构梁连接的经典铸铁柱）经过了重大的场外修复，被重新用作容纳新的公共口袋公园和活动空间的框架。在白天，公园被用于休闲，也可以观赏在圣潘克拉斯船闸（St Pancras Lock）附近的运河小船（图2.9，图2.10）。

圆形草坪还是当地家庭、游客、学生和上班族午餐时的热门休闲场所。马克·梅杰解释了这个项目的概念：“照明设计的重点是充分利用储气罐与内置的同心镜面抛光天篷的结合（图2.11）。受到月食的启发，公园变成了美丽的夜间地标，同时也是一种有趣的沉浸式体验。”[30]在月食中，柔和的光晕呈现出月亮的形状，随着太阳和月亮的相对移动，光晕的强度和位置也会发生变化。为了创造出一种发亮的“光晕效果”，新天篷的每个立柱都被向上照亮，冷白光加强了建筑的韵律，并从天篷的顶部反射到小路上。储气架框架本身也被在内侧的冷白光所照亮，以形成一个清晰易读的轮廓，并强化了一种特别的封闭感，感觉上所有的光都是从天篷的“光晕”而来。20分钟的“月食”周期从所有灯全亮开始，然后在3分钟内由东向西交替暗下去，接着在黑暗中停顿2分钟（全月食），再慢慢地由东向西交替亮起来直至全亮。光的这种明显的运动在阴影中产生了奇妙的变化，并在抛光的表面间相互反射，为环境增添了些许生气。

富有远见的结果

国王十字是未来城市更新方案的成功标杆。其场所安全、独特且环保，充满了个性特征，同时易于理解和导航。它展示了愿景和决策一致的重要性，这贯穿了整个开发项目的各个层级，为城市带来生机，而城市照明对于项目的整体成功至关重要。

图2.9 8号储气罐容纳了一个新的口袋公园和活动空间，白天可供当地家庭、访客、学生和上班族使用

图2.10 利用原来的结构，8号储气罐被重新设计为公共空间

图2.11 8号储气罐曾经是伦敦最大的储气厂的一部分；如今已被改建为新的公园和活动空间，照明巧妙地突出了其具有历史重要性的特征

结论

随着人们对改善公共领域形象方式的理解，城市夜间环境中，对恰当的、高质量照明的需求在未来无疑将会继续增长。从产业驱动的汽车城市到以人为本的步行城市的转变，对城市照明设计师（就其夜间概念和实施而言）和最终用户（居民、访客、游客）都会产生直接影响，这也是需要在夜间创造有吸引力的社会生活的主要驱动力之一。

本章阐述了如何基于独立城市照明设计师所制定的城市照明总体规划，以一种协同的方式，为整个城市或城市的一部分（例如一个城区）进行照明设计。在制定此类总体规划时，因为所涉及的设计任务牵涉各个层级的复杂活动，所以需要由那些有经验的顾问来承担，他们了解本章内所讨论的所有问题和要求。总体规划的创意部分在方法上非常灵活。肯定会有一些物理空间和建成环境元素需要考虑，例如道路、建筑、广场、景观，但是高水平的象征性和诗意性概念以及所使用的方法，会根据城市照明设计团队的经验、场所的背景环境、地理位置，以及气候和文化方面而有所不同。技术部分则更为结构化，应解决本章前面介绍的所有必要的主题。只有将创意和技术这两个部分相结合，才能创造出特有的夜间形象，从而确保一个城市、街区或城镇的独特性。居民和游客都不希望所有城市都以相同的方式被照亮，因为这将带走夜间旅游和新的城市体验的全部意义。在整个概念中，必须允许既有亮区也有暗区。均匀地照亮城市或地区不仅会造成过度照明、增加能源消耗和光污染，而且会丧失视觉层次和线索，而这对于夜间城市中的定向至关重要。

人们想要那些设计精美的场所，以便他们夜间可以在公共空间里聚集。显然，仅仅通过城市照明总体规划，并不是总能够达到创造此类空间的目的；对于那些存在很多矛盾利益的公共客户来说尤其如此。基于当前指导原则和操作规范的建议是一个很好的质量基准，但是在大多数情况下，城镇或地方政府在实践中既不要求也不进行评估。同时，至关重要的是，目前的照明制造业正在大力推广智慧城市技术。因此，建议在现有框架的基础上增加一个新的立法框架（表2.2），使照明问题得以全面解决，并可将其纳入城市规划系统。将来，任何与城市照明总体规划有关的城市照明方案，都应征得地方政府的规划许可，并列为开发项目。这种方法将改善夜间城市环境，同时可以更好地控制城镇的现有照明和新的照明。

现行的和建议的城市照明总体规划[ULM]管理框架　　表2.2

状态	类别
现行	照明指南 有关照明问题的一般规则、原则或建议，是城市照明总体规划的一部分
推荐	照明流程（我该怎么做?） 制定城市照明总体规划的一种既定的或正式的方法
现行	照明标准（需要什么?） 城市照明总体规划中需要遵守的要求或商定的照明质量水平
推荐	照明政策（为什么我需要这样做?） 组织机构（政府、当地议会等）采取或提议的与城市照明总体规划相关的行动方针或行动原则

学习重点

1 城市照明设计师（ULD）应该尽早开始项目合作，最好是在项目的可行性和概念设计阶段。

2 在白天和晚上踏勘现场，以了解空间特征。

3 找到一个主题，用光讲述一个故事并使之有趣。

4 始终牢记，好的设计既富有人性又有利于环境，并通过最大限度地减少光对动植物和人类的负面影响来尊重环境。

5 与居民和未来的项目用户讨论他们的期望以及他们认为需要改进的地方。

6 成为跨学科团队的成员，因为这是创造独特空间的最佳机会，并且倾听其他人的声音：客户、规划师、建筑师、工程师和其他顾问。

7 理解与研究——在设计中不要因循守旧。

8 从始至终完成方案，以确保想法得到充分实现。

9 使用你的合作伙伴的语言——了解规范和规定。

10 为户外应用创建可靠的解决方案——推荐合适的设备并预见维护成本和时间。

第3章 街道照明与老年人

纳瓦斯·达武迪安

引言 本章讨论老年行人对街道照明的要求，同时也涉及生理和社会需求。其目的是为了增进设计师对与年龄相关的视力丧失的理解，并强调设计决策的重要性，这些决策可能会影响到这一不断增长的人口群体的安全性和独立性。

图3.1 到2039年，预计有30%的英国人年龄将在65岁以上

为什么年长的行人在城市照明决策中如此重要？

老年人口将在未来几十年内增加，到2039年，预计有30%的英国人年龄将在65岁以上（图3.1）。随着人口的老龄化，行动不便的问题可能会影响户外环境和公共空间的可达性，因此会对心理健康产生影响。对于某些老年人，尤其是在夜间，由于诸如反应慢、残疾和不舒适眩光增加之类的问题，可能无法选择开车。因此，在室外可能会步行和更多地使用公共交通工具。为了鼓励在一天中随时使用室外空间或街道，并改变或防止久坐行为，有几个因素必须考虑在内。调整物理环境很重要。街道照明是一种环境因素，可以鼓励或阻碍在夜间使用室外空间。改善街道照明的设计和采用循证照明设计，将有助于我们在以后的生活中采取更积极的生活方式。

随着传统光源被LED取代，复杂的控制系统（通常称为智能照明）变得越来越普遍，英国的道路照明目前正在快速转型。尽管有大量的研究针对行人对道路照明的需求，但向智能照明的转变似乎被集中在减少能源消耗的同时重复以前的照明设计。这是一个被错失的机会，因为智能照明具有先天的灵活性，只要在夜间环境里加上很小的变化，就有可能使我们的道路在夜间更容易通行。

衰老如何影响视觉性能

老年人在进入室外环境方面遇到的主要问题之一，是与年龄有关的视力障碍。老年人面临两种本质上很普遍的动眼神经变化，仅在发病年龄和进展速度上有所不同。对于老年性瞳孔缩小，在中等和低照度下，最大瞳孔扩张逐渐减少，从而导致光线减少。对于老花眼，眼球晶状体失去聚焦在附近对象上的能力，因此需要使用双焦点眼镜或老花镜。此外，有证据表明，许多老年人普遍缺乏对比敏感性。这导致对象识别的衰退，在弱光下尤其严重；同时它还减慢了动眼反应，降低了从周围环境采集视觉信息的能力；还减少了“有用的视野”，从而限制了整个视野范围内的视觉注意力。这些视觉困难通常会因与年龄有关的视觉疾病而加剧，例如白内障会吸收和散射光线，从而引起额外的不适感、失能和眩光，尤其是在夜间，视觉敏锐性和对比敏感性会进一步受损。此外，黄斑变性会导致中央视觉区的逐渐丧失并最终失明。未经治疗的青光眼可导致周边视觉的完全丧失。

对年轻人的研究表明，在困难的视觉条件下，焦点和周边视觉会以不同方式受到视网膜成像退化的影响。诸如对比敏感性和敏锐度之类的焦点视觉功能，会因模糊和低于明视觉（日光）水平的亮度降低而迅速衰退。而周边视觉功能，例如相对运动错觉（视觉诱导的自我运动感觉）和运动引导，则几乎没有出现严重的模糊效果。研究人员莱博维茨（Leibowitz）和欧文（Owen）指出，在环境视觉有效发挥作用的情况下，夜间年轻驾驶员过度自信的原因是焦点视觉的选择性退化。这一发现与在驾驶模拟器中对转向精度的研究相吻合。莱博维茨和欧文发现，年轻驾驶员在低光照条件下的转向精度与高光照条件下一样。[1]然而，欧文和蒂雷尔（Tyrell）对老年驾驶员的研究发现了不同的结果分布，他们在低光照水平时表现出转向精度的逐渐丧失。这些发现表明，随着年龄的增长，周边视觉功能可能会减弱。[2]综上所述，我们可以得出结论，在低光照水平（暗视觉）下以及黑暗中，这些变化会导致运动指导功能减弱。[3]

光与眼睛老化

视网膜照度随年龄的增长而降低

由于光子在眼内介质中的吸收、散射和反射，角膜上的入射光在到达视网膜前大部分都会损耗掉。由于这些光损耗中的大部分波长都不一样，因此总体光强度会降低，而且到达视网膜的光的光谱分布也会发生变化。光谱能量分布（SPD）表示光的每单位波长在每单位面积上的功率（辐射出射度）。它更通常是指任何辐射或光度数量（如亮度、光通量、发光强度、照度、发光度）随波长而变的浓度。因此，在一定程度上，随着年龄的增长，眼内介质的吸收会发生变化，视网膜刺激的强度和光谱分布也会发生与年龄相关的变化。让我们更详细地考虑引起视网膜照度降低的眼睛的主要结构。

晶状体吸收

晶状体是透明的双凸结构，其功能是保持其自身的清晰度，将光线折射并提供调节作用（图3.2）。晶状体在胎儿发育后没有血液供应或神经支配，它完全依靠房水来满足其代谢需要并带走废物。晶状体位于虹膜后方和玻璃体前。现在已经了解，对于同一年龄的观察者，眼介质吸收存在很大的个体差异。大部分与年龄有关的光透射率的损失是由于晶状体的变化所致。随着年龄增长，直到大约65岁，眼介质密度呈线性增加。这种增加主要归因于晶状体的吸收，并导致与年龄相关的视网膜照度下降。

瞳孔

很容易观察到，虹膜的老化是以瞳孔变小的形式出现。当然，较小的瞳孔将以与面积成比例的关系允许较少的光线进入视网膜。在10～80岁之间，暗适应眼睛的平均瞳孔直径减小了约2～2.5毫米。瞳孔直径的这些变化将改变视网膜刺激的强度。另外，由于限制了光通过晶状体最厚的部分，较小的瞳孔将导致对短波长光更多的吸收。因此，与年龄相关的瞳孔直径减小与晶状体老化对颜色视觉的影响类似——也就是说，它将降低总体强度并改变视网膜刺激的光谱分布。

与年龄有关的视网膜照度变化的后果

颜色视觉

从上面提供的证据可以明显看出，特定条件下视网膜刺激的强度很大程度上取决于观察者的年龄。由于刺激的变化与波长有关（图3.3），因此在短波长下敏感度降低方面可以观察到对视觉的最大影响。通过眼介质密度的增加和瞳孔面积的减小，可以很好地预测视杆细胞所检测到的与年龄相关的短波刺激阈值变化，以及在短波长下的明视觉光谱敏感度函数的形状变化。随着年龄的增长，颜色匹配功能的变化和颜色分辨力也与眼介质吸收的增加有关。由于颜色匹配取决于感光体中的光子吸收，同时可以良好地预估受体作用光谱，因此如果已

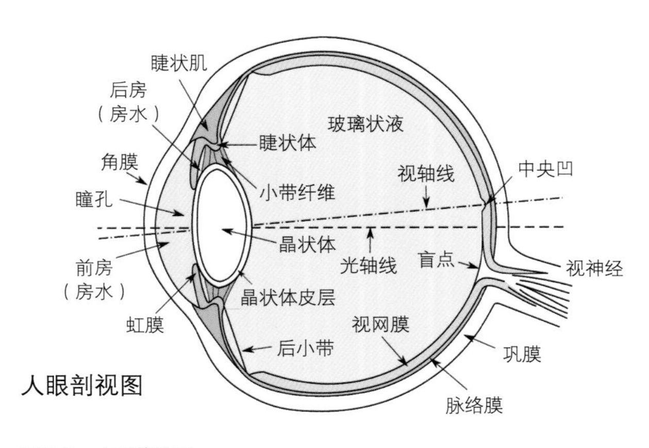

图3.2 人眼的解剖

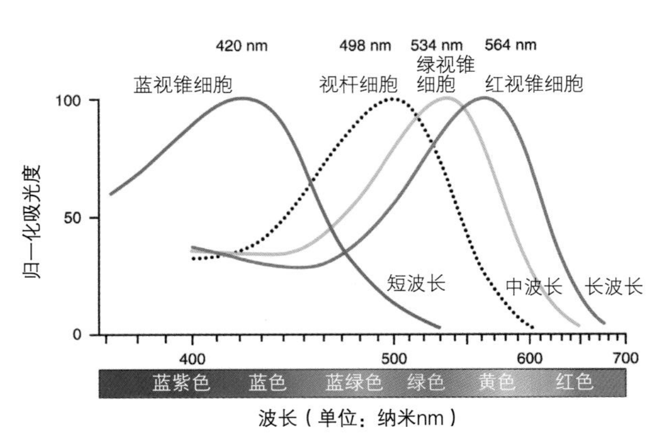

图3.3 感光体对不同光波长的敏感度

知眼介质和黄斑色素的密度，则可以计算颜色匹配的偏移。颜色分辨还受到光强度的降低和光源光谱分布偏移的影响。通常，这些分辨力的减弱类似于与短波视锥细胞先天性缺乏有关的缺陷。

空间视觉

对空间视觉的一种广泛使用的评估方法是对比敏感性功能（CSF）。对比敏感性功能可以通过测量检测各种空间频率的正弦光栅所需的最小对比度的倒数来确定。对高空间频率的敏感性在很大程度上取决于整体光照水平，而对低空间频率的敏感性则较少取决于适应的光照水平（具有较小细节和清晰边缘的场景比由大的粗略刺激组成的场景包含更多的高空间频率信息）。通常，高空间频率敏感性与亮度增加的平方根成比例增加。这意味着由于老年人眼介质透射率的降低，预计老年人的对比敏感性功能形状会发生变化。也就是说，即使老年人没有视网膜和神经的变化，也可以预期在高空间频率下敏感性会下降。与年龄相关的视网膜照度降低并不是影响空间敏感性的唯一眼睛变化。

神经效率随着年龄的增长而下降

与年龄相关的视网膜刺激变化对颜色和空间视觉的影响是显而易见的。当老年人的视觉变化超出或在质量上与这些预测有差异时，就意味着存在与年龄相关的神经损耗。

颜色视觉

不同类别的视锥受体和/或视锥通路的敏感性存在与年龄相关的变化。一些研究试图去评估与年龄相关的敏感性下降，他们都认为三种视锥细胞类别中的每一种都有显著的敏感性下降：蓝视锥细胞（短波）、绿视锥细胞（中波）和红视锥细胞（长波）。这些结果指的是角膜的敏感性，因此某些损失肯定与视网膜照度的降低有关。对短波敏感的视锥细胞，其敏感性的年龄相关性丧失中约40%归因于眼介质的光损失，其余的则归因于受体的和/或后受体的变化。中波敏感视锥细胞和长波敏感视锥细胞的敏感度损失几乎与短波敏感视锥细胞一样。但是，由于与年龄相关的眼介质（晶状体）的变化对短波长的敏感性减弱得比长波长多，因此在视网膜上指定的短波敏感视锥细胞的敏感性损失较小。

这表明虽然老年人的眼睛需要更高的光线强度才能获得与年轻人的眼睛相同的视觉性能，但光的波长也在这个对等关系中发挥作用（图3.4）。在老年人眼睛混浊的晶状体中，与中长波长的光相比，光的蓝色波长会被忽略掉。因此，你可能会看到许多老年人，他们更喜欢蓝色或白色的光而不是暖色的光。但是，这还不是全部，如果要说老年人需要更多的蓝光还为时过早。

空间视觉

与年龄相关的对比度敏感性下降，例如与视网膜照度下降有关的下降，在高空间频率时最为明显（如前所述，一个具有较小细节且边缘清晰的场景比由大的粗略刺激组成的场景包含更多的高空间频率信息）。尽管随着年龄的增长，晶状体密度增加，导致晶状体的透射率降低，可能会造成对高空间频率的敏感性降低，但它不是造成对比度敏感性函数中与年龄相关的变化的主要原因。如果年龄相关的视网膜照度降低是造成敏感性降低的唯一原因，则老年人的对比敏感性丧失将超过预期。这表明神经变化必定会导致老年人对比度敏感性的降低，尽管这些神经变化与降低视网膜照度的效果相似。也就是说，随着年龄的增长，潜在的神经变化导致效率降低。换句话说，在对比度敏感性很重要的地方，补偿视网膜照明度降低所需的额外光可能不足以达到最佳的对比度敏感性。

眩光与老龄化眼睛

在眼睛中散射的光称为“杂散光”，是造成失能和不适眩光的原因。失能眩光会损害对象的视觉，而

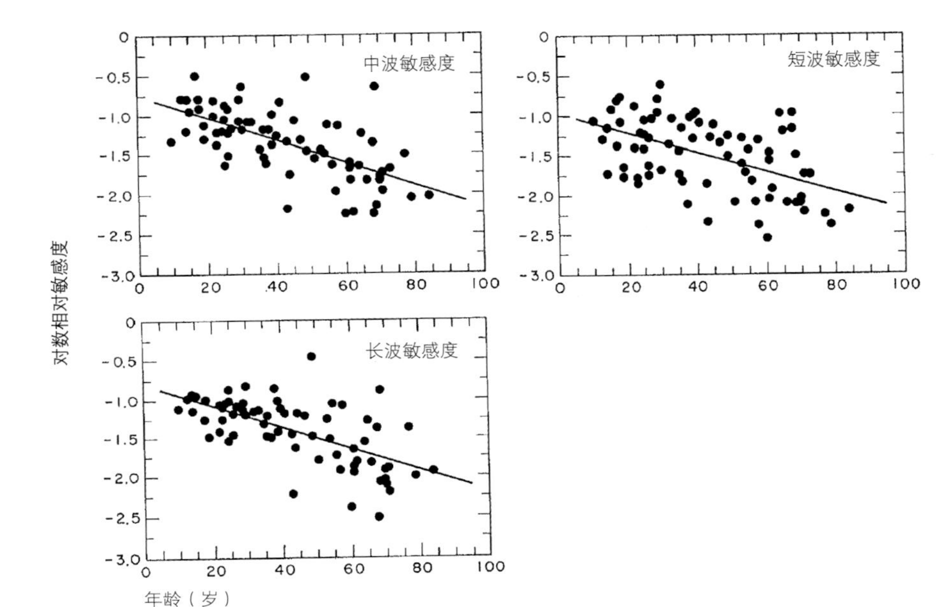

图3.4　将对短波、中波和长波敏感的视锥细胞的对数相对敏感度绘制为年龄的函数。作者依据以下来源重绘：Werner，J. S. and Steele，V. G.（1988）Sensitivity of human foveal color mechanisms throughout the life span. J. Opt. Soc. Am. A：Opt. Image Sci. 5：2122－2130

不一定会引起不适。不适感眩光会引起不适感，但不一定会损害对象的视觉。眼睛的光学介质中的光散射会在视网膜上产生一层杂散光。这会导致视觉影响，例如夜间开车时的眩光、白天阳光不足的阻碍、面部识别问题、视线模糊、颜色和对比度下降。老年人对眩光更敏感。从一个光照水平适应另一光照水平需要花费更长的时间。完全健康的眼睛中，杂散光会随着年龄的增长而增加，但更多的是随着光学介质的干扰而增加，例如白内障。杂散光的典型症状被认为与视觉敏锐度相关的症状完全无关。[4]

但是，达武迪安等人的一项研究表明，老年人眼中的低亮度眩光（0～4勒克斯之间的光幕亮度）的增加对其阈值亮度对比度没有显著影响，而年轻人则明显增加。[5] 其背后的原因可能是在老年参与者中，眩光造成了视网膜照度的增加而抵消了收益。

不舒适眩光

在评估不舒适眩光时，年龄是一个有争议的因素。尽管年龄较大的人报告对亮度的敏感性较高，但是通过要求受试者对人造眩光源和日光的不舒适眩光进行评价来评估测量的亮度敏感性，并未发现年龄组之间存在显著差异。老年人的眩光敏感性存在偏差，这种较大的偏差取决于个人的视觉特征，这可能导致该人对眩光更敏感。[6]

从这些研究中可以得出结论，如果年龄影响不舒适眩光感，则这种作用是微弱的。不舒适眩光感更多地取决于个人的视觉特征，而不是其年龄。[7]

相关色温和/或光谱能量分布（SPD）和眩光如何?

散射光的方向性和光谱取决于使光散射的粒子的密度和大小。虽然小粒子或瑞利（Rayleigh）散射没有优先选择的方向，但是小粒子散射较短的波长比散射较长的波长更为有效。白天的天空是蓝色的，这是因为到达观察者的光来自四面八方而不是直接来自太阳，太阳光被相比于可见光波长更短的大气粒子所散射。相反，直接来自夕阳的光看上去发红，因为在大气传输过程中，较短波长的光从太阳的影像中被散射

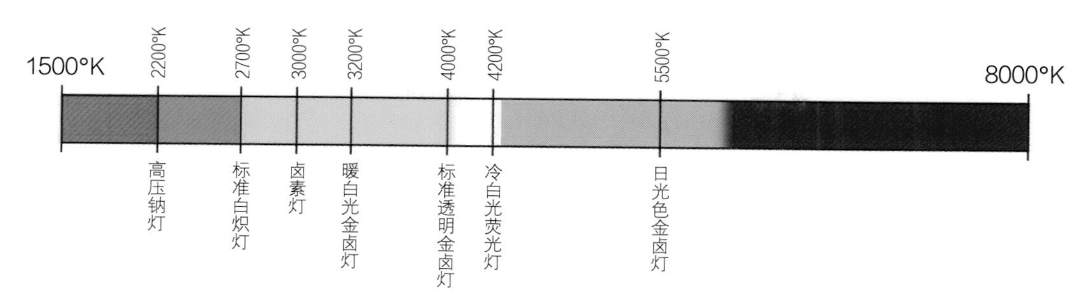

图3.5 不同光源的采样色温，以开尔文（K）表示

出去了。来自角膜和晶状体的杂散光随着波长的增加而减少，体现了小粒子散射的影响。来自眼底反射或透射照明的杂散光随着波长的增加而增加，表明在可见光谱的红色端，黑色素和血红蛋白的光吸收降低的影响。最终的结果是，到达中央凹的杂散光对波长的依赖性很小。[8]

然而，有研究也指出了蓝锥信号和不舒适眩光评价的影响。[9]短波长光谱敏感性的这种明显增加也被报道为黄斑中心凹不舒适眩光，并且与周边亮度外观的增加相一致。[10]

光的色温可能会影响不舒适眩光感，这也已经多次被证明。[11]色温代表光源外观的冷暖。色温通常以开尔文为单位表示（图3.5）。在几个关于LED灯的实验中，眩光源或背景颜色对不舒适眩光感觉有很大影响，因为偏蓝的光总会使人感到更不舒适。一些研究指出，大量短波长的眩光源会导致较高的不舒适感，这也支持了以上观察结果。但是最近证明，同分异构光源，即具有不同光谱功率分布但具有相同相关色温的光源，不会导致不同的不适眩光感。[12]最后的观察结果表明，光谱功率分布不会直接影响不适眩光感，但相关的色温却会。[13]

光暴露可能导致视觉敏感度下降

随着年龄的增长，眼介质透射的变化至少部分是由于暴露于光本身。这种观点的证据来自流行病学和实验研究。前者表明，随着暴露于紫外线辐射（UVR）的增加，老年性白内障的发生率也随之增加。随着年龄的增长，晶状体密度增加可能带来的一个好处也许是保护视网膜免受潜在的有害辐射。暴露于高水平的紫外线辐射可能会直接损害视网膜，而暴露于低水平的紫外线辐射可能会累积光化学作用，从而导致疾病和/或衰老。

不同的研究发现，如果强度足够，任何波长的光都可能会损害视网膜。但是，紫外线辐射损坏的阈值明显低于可见光或红外波长。在可见光谱内，短波长的损坏阈值比中长波长的要低。研究还显示，与中波长敏感性（MWS）和低波长敏感性（LWS）

图3.6 光暴露可能会导致视觉敏感度下降

视锥细胞相比，视网膜中的短波长敏感性（SWS）视锥细胞不太可能从与大量暴露于可见光相关的光损伤中恢复。因此，可以说紫外线辐射尤其危险，并且对于衰老的眼睛来说，短波视锥细胞最容易受到有害的影响。三种类型的视锥细胞的敏感性都随着年龄的增长而逐渐降低。其他研究也强调，对于短波长敏感性视锥细胞，这种变化可能最大。两组研究均发现，正常的与年龄相关的短波长视锥细胞敏感性变化中，约有30%~40%是由于与年龄相关的晶状体吸收增加，但其余部分是由于受体和/或后受体的神经过程的变化所致（尚不清楚此样本中是否有由于暴露于紫外线辐射而引起的神经损失）。一般来说，经常戴太阳眼镜的人通常具有对于他们年龄而言更高敏感性的短波长敏感性视锥细胞，从事户外工作且不戴太阳眼镜的人通常被发现比同年龄的其他人具有更低的短波长视锥细胞敏感性（图3.6）。

户外照明与老年行人的步行习惯

照明是一种环境因素，会鼓励行人在夜间出行，因为照明会影响行人对安全、踏实和放心的感知。在步行环境决定因素中，街道上的照明已经得到了高度评价和重视。

关于老年人在室外环境中出入和步行障碍的问题已经有一定研究。这些研究集中于不同环境因素的影响，例如出入和步行设施、交通和犯罪、熟悉程度与社会交往、天气等。这些研究主要集中在白天的环境上，且照明水平仅作为危险检测和犯罪嫌疑的因素而被提及。最近的证据表明，夜间的效果不仅与照明水平的变化相关。

跌倒还是害怕跌倒?

根据世界卫生组织的全球报告，跌倒是对老年人健康和福祉的主要威胁。65岁及以上的成年人中大约一半的跌倒发生在室外环境中。衰弱的身体健康、环境缺陷以及视力问题都与老年人的跌倒相关。老年人跌倒虽仅有20%发生在夜间，但老年人对于夜间在室外空间中跌倒的焦虑感却要高得多，这阻碍了他们进入户外，也在很大程度上解释了夜间跌倒的人数较少。达武迪安和曼苏里（Mansouri）进行的一项初步研究显示，受访的老年人中，有63%的人在晚上改变了步行行为（改变了他们的路线或交通工具），而年轻人中这一比例为41%。老年人也更不愿意在夜间行走到白天行走的同一目的地。害怕跌倒是受访者提到的使用私人汽车，或干脆避免在晚上上街的主要原因之一。一项照明调查显示，在所研究的区域中，夜间人行道上的照明水平远高于行人所需的最低照明水平。

雷纳姆（Raynham）和加德纳（Gardner）的一项研究调查了城市中心照明的影响，对大量人员在夜间使用街道的情况进行了采访。[14]该研究于2001年3月至2004年11月期间定期收集两个城镇中心的数据，分别是西米德兰兹郡（West Midlands）的萨顿科尔菲尔德（Sutton Coldfield）和斯塔福德郡（Staffordshire）的利奇菲尔德（Litchfield）。

对结果的荟萃分析表明，跌倒的恐惧是老年人的主要关切，并且明显高于其他年龄组。有趣的是，在其他类别中（对抢劫、偷窃、攻击等的恐惧），老年人的担心与年轻人相比为近似或较低（图3.7）。分析还显示，65岁以上的受访者中，有54%的人晚上没有使用户外空间，而对于年轻群体来说，这一数字仅为20.5%。

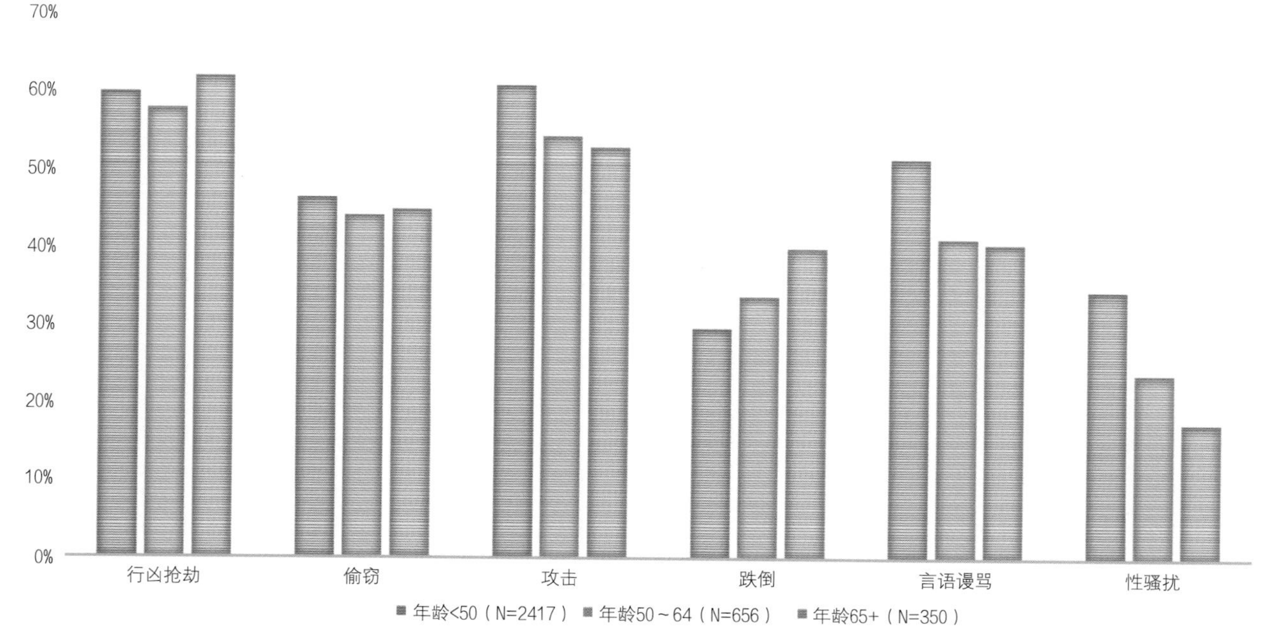

图3.7　对夜间出门时跌倒的恐惧是老年人的主要担忧，并且比年轻人组高得多（N =参加人数）

有视力障碍的人更有可能因为对比度降低、适应速度变慢（从亮到暗）、深度知觉减弱和对眩光的敏感性增加而摔倒。针对这些问题中的每一个，可能都有一种照明解决方案。但是，当考虑到对跌倒的恐惧时，解决方案会更加复杂。

有用的视野和老化

在英国，在75岁以上的人群中，有近50%都会遇到与年龄相关的黄斑变性方面的视力问题。[15]对于53岁以上的人群，视野敏感性每10年降低大约1dB。视野敏感性的丧失会影响老年人的活动能力和空间感，因此行走速度减慢，与健康且视力正常的年龄相当的受试者相比，他们会遇到更多的颠簸和跌倒的风险。图3.8显示了24岁（左图）和75岁（右图）的一只眼睛的有用视野。随着年龄的增长，有用视野的减少是显而易见的。[16]

达武迪安和雷纳姆的一项研究表明，与白天相比，夜间行人的有用视野（UVF）明显窄于白天，并且与白天光线条件下以30英里每小时（约48公里每小时）的速度行驶的驾驶员的有用视野相当。[17]X和Y将有用视野定义为固定点周围的区域，在该区域内可以在视觉任务中感知和处理关键信息。[18]诸如对象大小、对比和颜色之类的参数对有用视野的大小有显著影响。众所周知，老化会导致视觉性能的许多方面发生重大变化，从而影响我们的有用视野。因此，确定环境的特性以及夜间街道照明的不同方面如何影响有用视野至关重要。

外围区域对于周围环境的氛围感知（通常是无意识的）更为重要。与“感知生态学理论”相一致，许多来自环境的信息都是直接从光学阵列中获取的，而无需注意或进行认知计算。这种“直接氛围”视觉信息的重要组成部分是个人在环境中的运动所产生的。运动创造了整个视野的“视觉流”，并且这种流支持运动的感知和引导。[19]

研究表明，与年轻人相比，老年人在环境中的导航效率较低，并且更依赖于地标和彩色的线索。[20]也有人认为，可以用作地标的视觉线索对于老年人尤其重要。[21]这在夜间更成问题，由于视网膜适应光线变化的能力较弱，导致视网膜对对比度的敏感性降低。此外，由人工照明引起明显减少的彩色信号贡献和杆/锥视细胞平衡的变化会大大降低对象的显著性，从而降低有用视野。

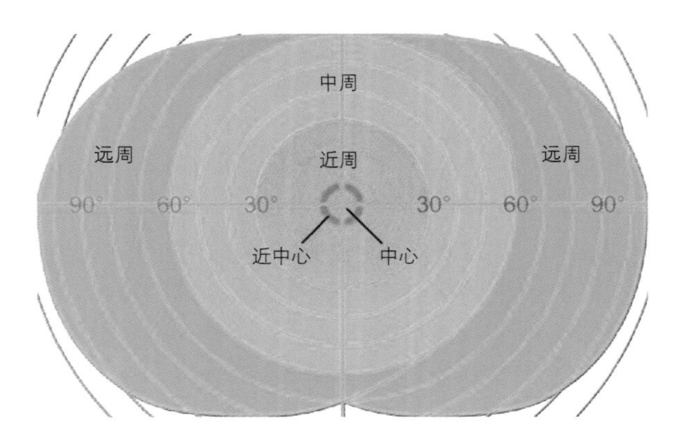

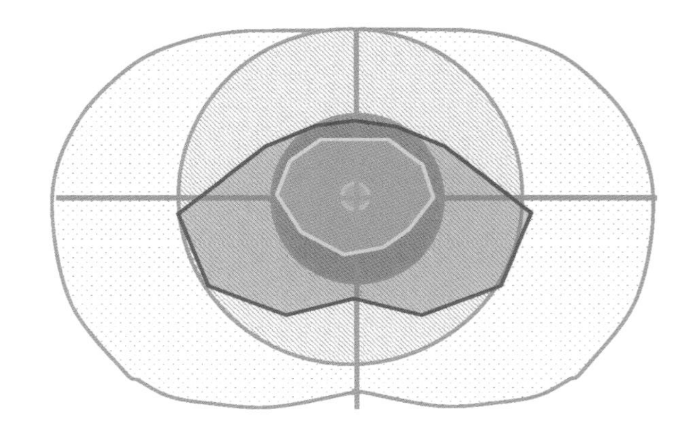

图3.8　24岁（左图）和75岁（右图）的单眼功能性视野；在右图中，黄色和蓝色区域显示的是75岁的功能性视野，灰色区域为24岁的功能性视野

如果夜间障碍物检测不是唯一的关键，那么还有哪些因素呢？

障碍物检测和街道照明已在各种研究中进行了分析。[22]但是，也有人指出，仅检测并不能保证视觉信息得到正确处理并可用于随后的调整。[23]仅凭不平整表面的高度或深度并不能决定其视觉可及性，应该考虑其外观，更重要的是要考虑感知或预定的期望。此外，许多老年人发现难以处理简短呈现、快速变化或移动的刺激，这已被证明会阻碍日常任务中的视觉性能。[24]一项涉及视觉搜索和动态障碍物检测任务的研究可以更好地预测老年人在夜间低照度下的真实生活体验，如夜间在街道上所经历的那样。除了考虑人们期望随着光线水平的降低而出现的正常视觉变化外，还必须考虑眼睛的视觉变化，尤其是在老年人中已经被证明的视网膜对光的敏感性和对比度的变化。[25]当涉及夜间街道导航任务时，刺激属性（由对象属性以及光的数量和光谱组成确定）在老年人中变得更加重要。定位对象和做出空间判断的能力受到光的光谱组成以及对象反射率和尺寸的选择的影响。重要的视觉属性的处理在老年人中发生显著变化，需要更加重视优化对象和光源的属性，以最大限度地减少衰老对视觉功能的影响。与成年期视锥细胞感光器密度和视锥细胞介导的视觉的显著稳定性相反，正常衰老时视杆细胞的数量会减少，视网膜疾病和/或系统性疾病（如糖尿病）也会影响视力，因此减少速度会大大加快。令人感兴趣的是建立视杆细胞和视锥细胞的敏感性如何随年龄增长而改变，以及这些改变如何影响正常衰老以及疾病中的不同视觉功能/任务。优化路灯的数量、空间分布和光谱组成，以最大限度地降低视杆细胞感光器的敏感性、眼内增加的光散射以及随之而来的不适感，这些问题变得越来越重要。

王（Wang）进行的一项研究发现，老年人对不平坦表面及其注视行为的视觉感知受视觉能力以及街道照明的影响，特别是在中间视觉照度水平上。[26]此外还发现人行道上更高的照明水平不一定会增强对不平坦表面的感知。这个结果强调了对于老年人来说街道上照明分布的重要性（图3.9）。

自从引入LED路灯以来，以前的照明技术对夜间照明环境的许多限制已经被消除。现在可以对光通量、频谱能量分布和空间分布进行更大的控制。这种发展使对夜间视觉环境的重大改变成为可能，同时也减少了能耗。

下一步做什么？

独立性的丧失是人们对衰老的最大恐惧之一，因此老年人将寻求使其衰老的视野最大化，从而保持独立性。[27]在过去的20年中，对老年人的室内照明推荐标准已经被修订调高。因此，50岁以上的工人需要两倍于年轻人的光照水平才能舒适地工作。随着年龄的增长，正常的任务也可能会变得更加困难，例如在驾驶时识别标志或识别人脸。尽管增加亮度可以部分缓解此问题，但它也可能导致感光体进一步老化。可以有选择性地增加与更高损伤阈值相关的波长的光照水平，并使暴露于损伤阈值较低的波长的光照最小化。已有的关于老年人照明的研究和指南，例如IES RP-28，对照明水平、控制系统和光源作出了推荐。[28]但是，这些研究和指南中的大多数都集中在住宅物业的室内照明上，尽管这是一个好的开始，但不能转化为行人照明。街道照明需要满足城市夜景中各年龄段的不同视觉和心理需求。因此，需要特定的研究和指南来创建一个更具包容性和便利性的夜间城市。

图3.9　大量的光带会降低能见度并引起注意力分散和混乱

学习重点

1. 在设计户外照明时，忽略老年人的需求意味着到2039年将忽略30%的人口需求。

2. 街道上更多的照明不一定能满足老年行人的需求，甚至可能产生不利影响。

3. 视觉任务（例如街道中的障碍物检测）并不是唯一需要注意的任务。

4. 光谱能量分布（SPD）、色温和老龄化眼睛之间存在复杂的关系。

第 4 章
提供安全感的照明

杰迈玛 · 昂温

引言 照明在给予行人安全感方面发挥作用的观点并不是什么新鲜事。15世纪初，伦敦通过了与照明环境相关的法律，当时市议会议事厅（Court of the Common Council）宣布，在繁忙的圣诞节守望（Christmas Watch）期间，每所房屋外都应放置一盏点亮的灯笼。同样在巴黎，路易十一下令臣民在路口的窗户上点上灯笼以阻止土匪。[1]几个世纪后，1927年的“英国标准307”（British Standard 307）建议街道的最低水平照度为0.01英尺烛光（相当于0.1勒克斯，比月光低）到20英尺烛光（相当于21.5勒克斯，刚好超过繁忙交通路口下通常被照亮的地下通道的要求）。这个范围比今天为行人提供的最小和最大照度水平大得多。那么，我们如何得出这些数字？它们与人们的感受和需求有何关系？毫无疑问，标准的作者心怀善意——他们说他们希望提供安全舒适的环境。但是，除了有人认为这是个好主意，而且没有人抱怨之外，不可能找到建议的照度水平背后的基本原理。也许随着我们室内照明能力的提高，我们对室外照明的需求也随之增加，而不受电力价格的抑制，电力价格随着时间的推移而下降。既然已经设定了对室外照明的期望，那么当路灯变暗或关闭时，我们会感觉好像缺少了一些东西，这些东西令人放心、舒适，让我们看到足够多的东西，从而能够判断环境中的行为。

安全感

什么是安全感?《牛津英语词典》将其定义为“消除或减轻怀疑或恐惧的人或事物”(定义2.b)。它让我们有信心使用街道而不必担心。在讨论照明如何有助于提供安全感之前，先确定可能发生这种情况的框架是明智的。“恐惧”是一个模糊的概念，它可能意味着任何事情，从对社会发展方向的普遍担忧，到发生不可预测的事情时的心头一悸。如果行人感到安全，则意味着他们放心地使用街道，并且不认为需要进行预防性的路线变更。虽然法雷尔(Farrell)对犯罪的恐惧的不同定义间存在重叠，如图4.1所示，但照明不太可能对极端情况产生影响。[2]我们正在应对因无法很好地了解未来环境而产生的疑虑和担忧。由于没有确定人们在回答中所指的恐惧类型，因此对可感知的安全性、安全感或对犯罪的恐惧的研究通常仍然含糊不清。

一些社会科学家认为，对犯罪的恐惧是对20世纪60年代美国暴动的回应，它是在相对舒适的中产阶级之间散布不安全感的一种手段，也是证明暴乱被镇压的一种方式。但是，有些情况令人感到愤慨也并不奇怪，有人认为那些想在天黑后冒险出去的人的不安全感是虚构的，即使他们被贴上“长期受到威胁”的标签。[3]不可预测的事情可能会令人恐惧，照亮环境的方式可以通过发现潜在威胁来减少不可预测性。最近的一项研究发现，对犯罪的恐惧具有传染性，与实际犯罪无关，并且犯罪率的降低对安全感没有影响。[4]这种复杂性提供了一个很好的理由，可以避免对犯罪数字进行推敲，因为犯罪数字没有考虑未报告的犯罪。尽管研究人员会自动探索定义和语言的细微差别，但许多照明研究的作者还是会试图分离照明对行人安全感的影响，有一个不客气的类比，这可能就像用锤击雾一样徒劳。

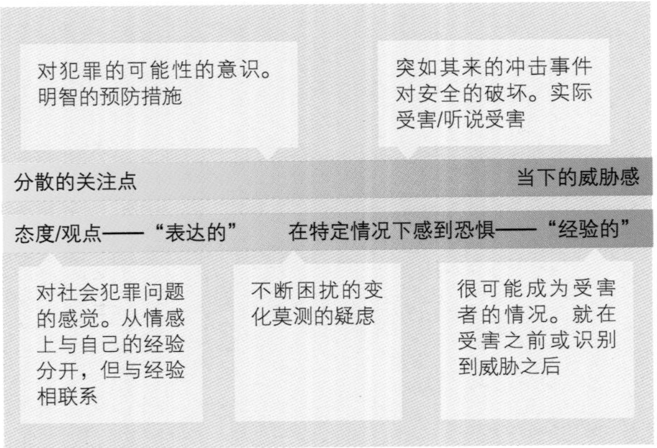

照明和安全感研究

人们对调查的反应方式很容易受到民粹主义媒体的影响。1995年在南约克郡(South Yorkshire)斯温顿(Swinton)镇中心进行的前后街道照明干预就是一个例子。[5]研究人员认为，调查的反馈受到报纸标题不合时宜的时间安排影响，该头条新闻的标题为“孩子们将小镇变成了一个活生生的地狱”(图4.2)，因此这些反馈的可信度不足。照明本身不太可能改善一个地区的声誉——具有讽刺意味的是，通过增加破旧脏乱的可见性，情况可能会相反，因为这样更容易判断该区域不安全。例如，芝加哥小巷照明项目(Chicago Alley Lighting Project)发现，报告的犯罪行为增加了照明设施的安装，因为附近的居民现在可以看到正在发生的不良情况，并在出现犯罪时进行举报。[6]正如英国唐卡斯特(Doncaster)的一则轶事所表明的那样，人们可能会将明亮的光线与需要街道监控设施的问题联系在一起。[7]由于摄像机对光照环境的适应不如人眼，因此需要更多的光来记录图像，特别是需要人像识别的图像。因此有些人认为，明亮的区域之所以明亮是有原因的，而且很可能是不体面的原因。因此，不仅是那些可以看到的东西，环境如何被照亮也会有助于判断环境。如果一个区域与背景相比看上去照明过度，那么人们对这个区域的看法可能会受到影响：他们可能会认为这个区域打算脱颖而出，例如作为旅游胜地，或者他们可能会担心这是一

对犯罪的可能性的意识。明智的预防措施

突如其来的冲击事件对安全的破坏。实际受害/听说受害

分散的关注点

当下的威胁感

态度/观点——“表达的”

在特定情况下感到恐惧——“经验的”

对社会犯罪问题的感觉。从情感上与自己的经验分开，但与经验相联系

不断困扰的变化莫测的疑虑

很可能成为受害者的情况。就在受害之前或识别到威胁之后

图4.1　恐惧的不同定义

个犯罪盛行的地区，因此需要额外的照明。

接着说问题。例如，如果一个孤独的慢跑者宁愿在黑暗中奔跑而不被看见怎么办？[8]安全感可能会导致缺乏警觉和谨慎，从而在采取预防措施（例如发出警报、加快脚步或扫视街道以发现潜在危险）方面变得懈怠，这真的是一件好事吗？这些问题表明，更多的光并不一定会带来更多令人安心的环境，社会和政治背景很重要，空间环境的形式以及行人对自己的感受也很重要。

尽管缺乏支持证据，但照明却被制造商和照明设计师商品化了。推销员的话经常会暗示与照明相关的订单会给所有的环境使用者带来安全感。“购买光明，消除恐惧”，这是1924年通用电气公司（General Electric）的一个广告中所隐含的信息，上面写着“巷子里的盟友……光是最好的警察”（图4.1），以及1939年的南方电力服务公司（Southern Electricity Service）的广告词中问道，“更好的照明，更好的视野——为什么不向我们咨询您的家用和商用照明？”这两个广告都极大地鼓励人们去购买一个更亮的夜间环境。一项载于2014年《环境心理学杂志》中的研究表明，具有环保意识的人更愿意接受较暗的街道，特别是在他们被告知节能的好处后。[9]这样的研究使我们怀疑，安全感是否可以用电买到。

将无形价值、感觉和通常不合理的行为与构成我们环境的物理材料（混凝土、柏油路、树木和垂直墙面）分开是不可能的。例如，当在墙壁上开窗时，内部发出的光暗示着人的存在，从而提供瞬间的舒适感。这种非正式监视或“监护权”的作用在20世纪60年代被简·雅各布斯（Jane Jacobs）（“街上的眼睛”一词的创始人）所发现，“街上的眼睛”作为表达陌生人作用的一种形式，在夜间成为街道上的安全资产。[10]然而，环境的几何结构也会影响安全感：一条几乎没有逃生路线的狭窄小巷，在感觉上和一条前方视野清晰的宽阔而开放的道路完全不同。邦妮·费舍尔（Bonnie Fisher）和杰克·纳萨尔（Jack Nasar）在20世纪90年代对这个猜测进行了研究[11]，借鉴了杰伊·阿普尔顿（Jay Appleton）的早期成果。阿普尔顿的“避难所”理论可以追溯到史前的自然环境，那时的人类比现代人更容易面临随时发生的危险。[12]避难所理论的思想是，人们会从舒适且安全的地方去寻求对周围环境的良好视野，例如，一个藏在山里可以俯瞰山谷的洞穴。这意味着，比起那些远离房屋的或位于不同高度的街道，从人行道轻松到达房屋前门的街道可以提供更多的庇护。同样，也不要忘记社会背景：此推论仅适用于在出现问题时会有居民伸出援手的地区。费舍尔和纳萨尔认为环境中的犄角旮旯是潜在的威胁来源，是那些坏人的藏身之地。[13]在这种微观尺度上，照明可能会有所作为，因为如果黑暗的区域被照亮，则行人可以看到并了解，而不是想象那里可能潜伏着什么危险。大约在同一时间，马克·沃尔（Mark Warr）将这种藏匿处的观点进一步推进，称街道在天黑后变成了“潜伏线”。[14]

照明设计师应考虑安全感的原因是必须看清环境中的对象，才能对环境以及是否可以在夜间通过做出判断。由于人眼通常可以有效地适应低光照条件，因此步行所需的光很少。事实可以证明这一点，如果你闭上眼睛，有可能也可以走出你所在的房间。如果我们不需要看见也能移动，那么我们需要看什么？我们需要看到足够多的东西以获得足够的信息，以判断走在街上是否是一个好主意。一旦建立了这些照明条件，便可以节省大量能源。但是，最低可接受的照明条件并不意味着好的照明设计。环境在使用上还应该舒适。因此，有安全感的照明分为两个方面。首先是要创建一个照明条件不会引起恐惧的环境，其次是要创建一个使用起来舒适的环境。目前的照明设计大多介于两者之间。但是，如果可以考虑采用最低可接受条件来设计出既有吸引力又舒适的创意照明设计，那么这种普遍适用的方法将浪费更少的能源，并且城市环境将变得更加易于使用。本章介绍一项现场研究，首先探询光是否会影响安全感，其次确定最低可接受条件，并就如何将这些成果应用于其他照明方案提供建议。

照明安全感调查
设菲尔德

调查1：光重要吗？

动机

研究人员如何去了解行人的安全感是否会受到照明的影响？一种流行的方法是进行照明改造前后的调查，通常得出的结果毫无悬念地会强调照明的重要性。[15]如果您把自己放到一个刚刚获得道路照明改造的居民的位置上，您的回答除了是肯定以外还能是什么？如果在通常被认为是“升级”的照明改造后没有给出肯定的答案，那么您就可能会面临地方市政委员会将来不再投资您的街道的风险。因此，最好说这笔投资用得其所，街道因此更安全。人们往往会尽其所能来“帮助”研究人员，给研究人员提供他们认为对方想听到的答案。这被称为“社会期望的响应”，即使参与者不知道并且无法轻易猜出研究背后的真正原因，这种情况也很难避免。

社会期望的响应也适用于人们承认恐惧的意愿。通常，女性比男性更容易感到恐惧。法雷尔进行的一项研究表明，男性往往低估了大约20%的恐惧感，而且如果考虑到遗漏统计的恐惧，则可以发现年轻人比中年女性更容易感到恐惧。[16]这也可以理解，因为年轻人更容易受到攻击。“同时感犯罪”（perceptually contemporaneous offences）的概念引起了另一个麻烦。这意味着，如果你向某人询问他们对被盗的恐惧，他们会错误地假设他们在被盗时可能在家中，并想象可怕的后果，例如强奸。他们的答案是指他们担心自己想象的会发生，而不是害怕被盗。

没有一种方法是完美的，当人们出于本能而非理性地根据自己的幻想、情绪和过去的经验做出决定时，用科学消除偏见的想法可能就错位了。[17]接下来描述的研究旨在让人们用自己的话来讨论，从而揭示出真正对他们重要的东西。如果照明突然出现而无任何征兆，那么相关具体照明条件的更多细节可能值得进一步研究。

与谁进行访谈？如何访谈？

在开始访谈前，参与者被要求指出夜间他们喜欢步行去的地方和避免步行去的地方并拍照记录。访谈包括三个部分：关于参与者走哪里和不走哪里的一般性聊天；用他们自己的照片作为提示来对他们所选地方进行讨论，以及一项预选图像的研究，该研究要求参与者根据不同的照明和空间条件对图像进行比较、判断和排序。27位较年轻的参与者（18～34岁，平均年龄为23岁）主要是设菲尔德大学的学生，26位年龄较大的参与者（55～84岁，平均年龄为68岁）中绝大多数是在设菲尔德老年大学（University of the Third Age，Sheffield）组织的一次早间咖啡活动中招募的。尽管环境设计很少会仅针对一个年龄段群体，但照明研究往往会区分老年人和年轻人，因为视力会随着年龄的增长而退化（请参阅第3章），因此老年人需要更多的光线。随着年龄的增长，人们也会感到更容易受到伤害，这意味着户外环境设计应该关注老年人的需求。

人们怎么说

参与者选择的照片如图4.2所示。这些照片显示，人们乐于使用的街道往往是居民区。他们倾向避开的要么是声誉不好的地区中空寂无人的地方，要么是由于急转弯或黑暗而难以使用的地方。随着对访谈的记录，许多主题变得显而易见。解开并加权这些连锁因子实际上是不可能的，而且也过于简单化。因此，如果说想到的第一件事通常就是最重要的，那么我们把参与者所给出的对地点选择的首要原因以及那些最常见的原因组合在此报告。

年纪较大的参与者最常给出的

可以获得安全感的首要原因是：周围人所产生的一般喧嚣；之前从未出过事的熟悉路线所提供的舒适感；可以提供良好视野的开放环境，以及该地区的良好声誉。对于较年轻的参与者，最常提及的是熟悉程度，其次是街道照明，以及享有良好的声誉和开放性的地区。年纪较大的参与者避免进入某些区域的首要原因是缺乏足够的照明，其次分别是该区域声誉欠佳、没有房屋和人，以及封闭的环境。较年轻的参与者首先提到声誉较差的地区，或者他们自己或他们的朋友有过不好的体验、照明不足，以及安静且封闭的区域。这表明一个地区的声誉以及是否有其他人与物质环境同样重要，并且我们对周围环境的了解会影响我们的行为。

对人们给出的原因进行组合分析后发现，最常见的是否有人愿意提供帮助、照明和空间特征，以及可能给自己造成伤害的人是否在附近。仅有1名参与者认为照明不足是缺乏安全感的唯一原因，但是有11名参与者认为缺乏愿意提供帮助的人是唯一的原因，5名参与者认为是不良声誉，9名参与者认为是存在有威胁的人。这表明照明与其他因素一起共同影响安全感。有趣的是，只有3名年纪较大的参与者和1名年纪较轻的参与者提出了移动性问题，例如由于狭窄的人行道而害怕过马路。这可能意味着这些受访对象的身体状况总体上较好且健康，其他因素对他们而言更为重要，只有少数几人曾经经历过危险的街道。照明对熟悉程度等因素的影响很难评估，因为无论照明条件如何，经常走的回家路线还是会走，尤其是在只有唯一选择的情况下。但是，对于之前仅走过一次的迷途游客而言，照明对环境的呈现可以帮助他们再次认出这个地方。

图像研究向人们展示了5张照片（图4.3），并请他们完成各种任务，例如两人一组陈述偏好、对照片进行排名，以及回答有关照片的问题。两张照片是同一条住宅街道——其中一张的曝光度比另一张的曝光度高，因此看起来更明亮。还有两张照片是同一条位于房屋之间的狭窄通道——其中一张照片将街道尽头的路灯从照片上移除了。最后一张图像是穿过黑暗林地的一条被照亮的道路。与相对较暗的图像相比，人们总是倾向于"更明亮"的街道和尽头带有路灯的通道，这表明实验可以被构造去证明几乎任何你想要的东西。当被问及是否愿意夜间在图片中显示的陌生地区的街道上行走时，人们并未受到这些住宅街道照明条件变化的影响，因为绝大多数人表示都愿意沿着这条街道走。多数人表示，他们会避免尽头没有路灯的通道，而在其他情况下（道路被照亮的黑暗林地和尽头有灯光的狭窄通道）的意见基本上是对半开。这表明对于大多数人而言，照明只会在极端条件下影响行为。

研究对照明设计的启示

重要的发现在于，照明确实对安全感至关重要，正如参与者无需提示就会指出。照明对一个地区的声誉没有影响，如果声誉不佳，则无论使用多少照明都不会改善。总体而言，除了声誉不佳的地区外，其他人的存在使人感到安全，特别是这些人可以作为潜在的提供帮助的人时。所以应该照亮环境，这样人们就可以被看到。这并不太困难，因为视觉系统对运动敏感，而且如果空间周围或边界被照亮，这种情况自然会发生。光对于感知开放性很重要：如果要判断环境的开放程度，参与者需要能够看清这个环境。

参与者在夜间单独行走感觉放心的街道

图4.2 由设菲尔德及其周边地区的一部分参与者拍摄的照片（除第一排外）（如果参与者不愿意拍照，研究人员会去他们所指认的地区替他们拍照）

老年组1

老年组2

老年组3

学生组1

参与者在夜间单独行走感觉不放心的街道

1

2

3

图4.3 图像研究中使用的照片，摄于设菲尔德郊区，S8

结果还表明，照亮便道的边界，特别是超出便道尽头以外的边界，可以使人感到安全。照明设计师应考虑照亮例如建筑物外墙的垂直边界，以便可以看到其他人的身影。在设计时，行人路线和目的地是值得考虑的，因为这将有助于规划灯光需要强调的内容。从实用上而言，也许要考虑人们晚上在外面是否可以看清他们的前门钥匙，如果不能，那么门上就需要设置照明。

如果人们不担心被绊倒，那么照明设计师可以考虑在街道景观上使用间接照明与直接照明相结合，而不必顾忌仅在维护良好的人行道上使用间接照明。同样，在规划照明控制系统时，考虑到使用，仅在完全确定没人会使用街道的情况下才关闭非住宅街道照明。如果不能确定，在深夜则应调暗而不是关闭照明。

由于感觉可以获得他人帮助很重要，并且通常在街道水平上可以获得即时的帮助，因此照明设计师应考虑在眼部水平上对环境进行照明。这可以是任何令人感兴趣的东西，例如建筑立面、商店铺面和门。如果街道水平的垂直表面被照亮，那么经过的行人将在侧影中显示出来，有助于行人推测其他人的存在。

4

5

调查2：对重要的特征进行照明

动机

在众多相互关联的因素中，我们已经确定照明对于安全感非常重要，现在让我们探索照明如何重要。照亮一个环境可以有很多种方法。照明设计师之所以具有影响力，是因为他们的决策是通过强调人们希望看到的东西，从而塑造夜间环境的外观形象。照明设计的一种方法是将照明分为环境照明、焦点照明和亮点照明[18]，并确定这三种照明之间的亮度比。要创造一个优美的环境，需要定制化的解决方案，而这只能通过创造性的过程来实现。这对于照明设计师来说是个好消息，因为找到指令性的（可自动化的）公式之时，将是他们失业之日。但是，经过精心设计的照明环境会让人感到安全吗？以下将介绍在现场研究中对现有环境的探索，以确定现有的环境是否会降低行人的安全感。研究结果提供了一些可以获得安全感的照明经验法则。

照明设计师的作用是使照明看起来尽可能地富有吸引力。通过避免在不合适位置上的高光强，可以为行人提供清晰的视野。照明应被用于赋予环境意义，而不是随意放置，因此灯具应该经过精心地布置和聚焦。由于人们会发现变化的意义，所以整个环境的亮度分布都应被考虑在内。可以使用较高的亮度比（至少3：1）来进行强调，但同时需要注意避免直接看到明亮的光源，尤其是在视线以下，因为这样可能会产生眩光。人们喜欢定义明确的空间，因此有必要强调空间的边界，例如建筑立面和人行道边缘。诸如长凳之类的街道家具可以结合到照明策略中。设计师在不同照明等级交汇处的地方应格外小心，因为与较高的等级相比，较低的等级看上去会更暗。两者之间的过渡区域可能会有所帮助，因为可以在一个区域内获得平衡，从而有助于定向。这项研究旨在定义一个框架，在此框架内，设计师可以在最小可接受范围内发挥创造力。

白天和晚上的街道探访

一项现场研究是分别在白天和晚上将参与者带到设菲尔德的9条街道上，请他们对安全性进行评价，以衡量他们在环境中的安全感，其中包含了例如感觉可以获得帮助等其他因素。该方法基于先前在美国停车场进行的一项研究，在该研究中白天安全评价被用作夜间安全评价的控制，从而可以比较不同的区域。[19]夜间的安全评价被从白天的安全评价中扣除，作为对照明效果简单的衡量（D-N安全评价指标），因为这是昼夜变化的主要条件。毫无疑问，白天被天穹照亮的街道看起来与夜晚使用人工照明的街道完全不同，夜间的街道照明通常是通过放置路灯和立面照明来实现。影响安全感的大多数其他因素，例如该地区的声誉、对该地区的熟悉程度以及街道的几何形状，这些都不会改变。因此，这被认为是一个较好的方法，以衡量照明条件变化对行人安全感的影响。有些因素是无法控制的，例如过往的汽车、人和天气。这些情况都被记录下来，但是白天和晚上的实验条件之间没有太大差异。5个由15~16人组成的小组参加了这个研究。由于这种性质的研究很难招募到老年人，所以老年人组成了其中一个小组（第三组），年龄从55岁到84岁不等。

如前一节所述，选择住宅街道是因为普通的喧嚣可以让人感到安全。较安静的地区更加令人警觉，因此调查住宅街道似乎是个好主意，我们倾向于在这里开始和结束日常活动。选择这些街道是因为它们提供了设菲尔德典型的住宅街道类别，并体现了各种照明条件，这是通过快速视觉评估考察到的。由于视觉评估不足以进行严肃的照明研究，因此在整个街道上和进行调查的地点都进行了一系列照明测量。每一组对同一条街道进行两次访问，其中一次访问时参与者戴上深色的骑行太阳镜，这种方法可以便捷地将眼部的照度降低到原来的10%。不过，参与者认为戴着太阳镜在黑暗中四处走动很好玩，这种欢闹可能会影响到结果。

图4.4~图4.6显示了所研究的9条街道中的其中3条。它们体现了各种街道几何形状。有些是前门开在人行道附近（图4.4），有些是沿前院墙种植了树篱从而遮挡住屋前花园，还有一些是远离墙后的街道（图4.6）。其中一条街的住宅对面有工业单位（图4.5）。各条街的房屋密度各不相同，街道上的树木数量也各有差异。在白天，树木虽然可以提供宜人的绿叶外观，但它们的确会影响自然光照和道路照明的水平，尤其是在夜晚对于道路照明，树枝和树叶在灯具周围生长使光线受到遮挡。上文中提到的D-N安全评价指标的使用，意味着可以对这些完全不同的环境的照明条件进行比较。

测量灯光

在获得了9个地点的昼夜安全感知差异（D-N安全评价指标）的评估后，接下来就是从照明的角度去了解这些场所。如果昼夜差异最大的场所也是最暗的场所，则表明照明可以在安全感方面起到一定作用。测量意味着可以比较不同的场所，并由此可以发现有关照明与其D-N指标差异之间关系的趋势。

那么，我们如何测量灯光？这为什么如此重要？之所以重要是因为它可以用作设计的工具和依据。表达一个环境的照明条件有很多种方法。首先，水平照度和整体均匀度是相关的，因为它们经常被设计人员所使用，英国标准5489-1：2013的表A.7中给出了相关要求（请参阅表4.1）。

水平照度是一种实用的测量方法，因为它易于计算，覆盖了建筑物边界之外的已知公共区域，并且不受环境中各种反射率的影响。整体均匀度是同一表面上网格中各点的平均照度与最小照度的比率。纵向均匀度是沿车行道中心线的点所产生的最大亮度与最小亮度之比。它通常用于M级机动车驾驶员，但是因为行人也在环境中移动，虽然速度比汽车慢得多，所以纵向均匀度也可以从人行道和道路的测量网格中得出。

尽管相关标准中提到了垂直照度和半柱面照度[20]，但在实践中很少使用它们。垂直照度的重要性源于人们对环境的其他使用者感兴趣的事实，这些使用者几乎毫无疑问都是垂直的。半柱面照度计更接近人脸形状。面部识别是照明研究中的热门话题，尽管这在很大程度上并没有相关性，除了在街道监控设施的照明领域。正如第一项研究所

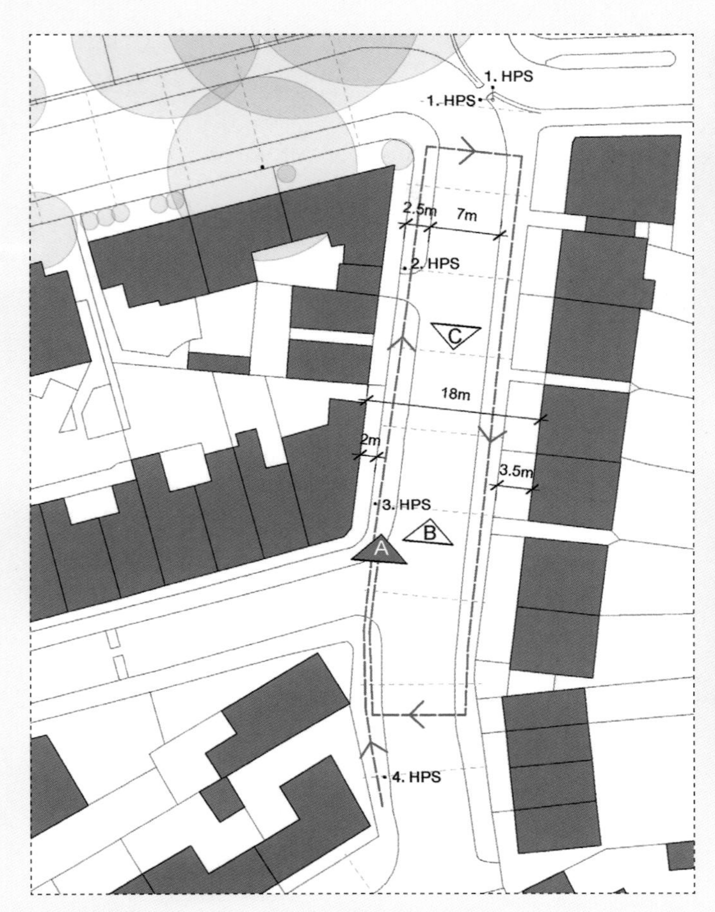

1：850的平面图展示了位于布鲁姆霍尔（Broomhall）的克拉克大街（Clarke Street）（S2）。蓝色虚线表示参与者走过的路线

调查进行地点夜间视野（A）

白天视野（B）

白天视野（C）

图4.4 街道2的路线和照片（HPS =杆顶安装灯具中的高压钠灯）

调查进行地点夜间视野（A）

白天视野（B）

白天视野（C）

图4.5 街道5的路线和照片（LPS=杆顶安装灯具中的低压钠灯）

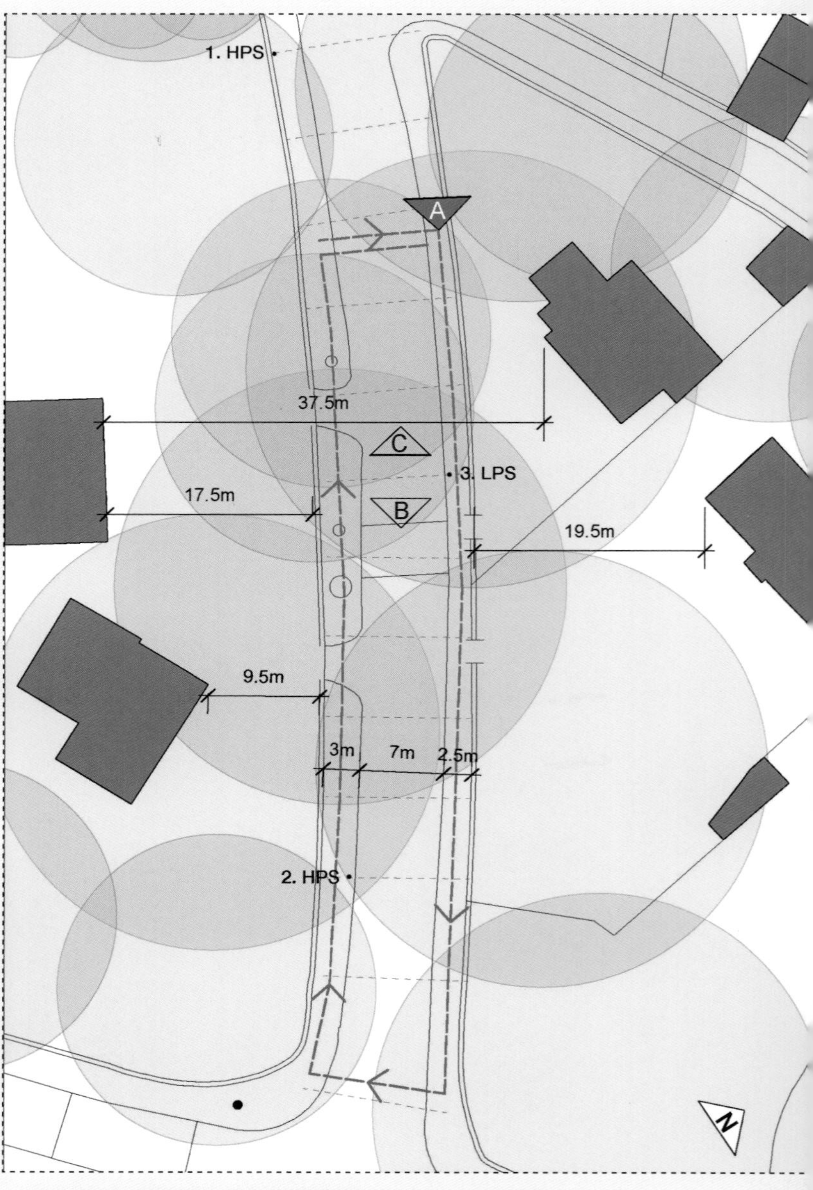

1：850的平面图展示了位于布鲁姆菲尔德（Broomfield）的公园小径（Park Lane）（S5）。蓝色虚线表示参与者走过的路线

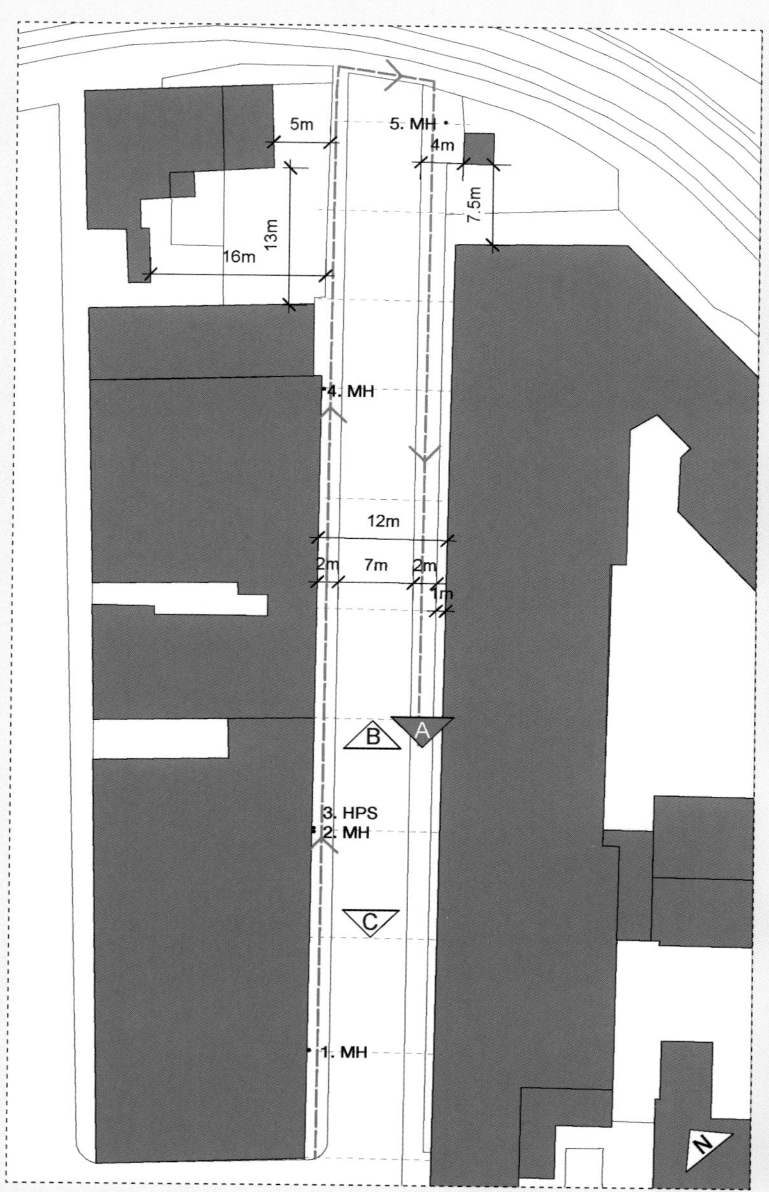

1：850的平面图展示了位于下索普（Netherthorpe）的罗斯科路（Roscoe Road）（S6）。蓝色虚线表示参与者走过的路线

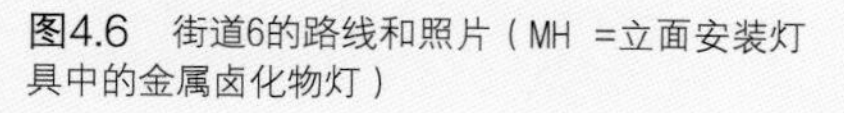

图4.6 街道6的路线和照片（MH =立面安装灯具中的金属卤化物灯）

调查进行地点夜间视野（A）

白天视野（B）

白天视野（C）

表4.1

英国标准5489-1:2013中的表A.7

照明等级	基准［如显色指数Ra<60，或光源的暗明比（S/P）值不清楚或不确定］		S/P值=1.2且Ra≥60（如金属卤化物灯等某些类型的暖白光源）		S/P值=2且Ra≥60（如紧凑型荧光灯或LED等某些类型的冷白光源）	
	$\overline{E}$	Emin	$\overline{E}$	Emin	$\overline{E}$	Emin
P1	15	3	13.4	2.7	12.3	2.5
P2	10	2	8.6	1.7	7.7	1.5
P3	7.5	1.5	6.3	1.3	5.5	1.1
P4	5	1	4	0.8	3.4	0.7
P5	3	0.6	2.2	0.4	1.8	0.4
P6	2	0.4	1.4	0.4	1.1	0.4

表明的那样，行人对是否有其他人在周围感兴趣，或者如荷兰研究人员所说的那样，对“臆测存在”感兴趣。[21]与面部识别相比，这需要的光要少得多，虽然从发现有人到识别特征是两个尺度极端，但是都受到垂直照明的影响。因此，垂直照度和半柱面照度是在调查进行地点的前方面向观测者来进行测量的，就好像在迎面而来的行人的脸上一样。垂直照度也在调查进行地点的四个方向上进行测量，分别平行和垂直于行进方向和人行道边缘。

地面上暗区（小于任意一个勒克斯）的长度也要测量，原因是黑暗会形成“隐患线”[22]，这是指由于无法看清一个区域而造成的不安全感。测量在人行道和道路的水平面上进行，因为这样比较方便。任何水平或垂直面上的暗区都可能影响行人的安全感，因为它们破坏了其空间范围的定义。在调查进行的地点还记录了眼部的间接照度。这源于克里斯托弗·卡特尔（Christopher Cuttle）的观点，即对环境感知而言重要的是整个场景的反射光，其受到各种表面反射率的影响。[23]如图4.7所示，这是通过遮挡路灯的直射光来进行记录。所有的照明指标都是根据D-N安全评价指标来进行绘制。

异常情况

参与者乘坐一辆小巴去往调查进行的街道。到达后，他们下车完成路线并从设定的观察点上完成调查。然后他们返回小巴去往下一条街。除了第二组去的两条街道外，其他组的街道探访都很顺利。第二组在第二条探访的街道上，正当参与者完成路线并开始填写调查表时，一群年轻人飞快地跑到街道上，给人感觉他们正在疯狂地逃避某些东西。这使一些参与者感到震惊，他们询问调查是否仍按计划进行。由于那些年轻人已匆匆离开了街道，因此他们确信这些人对他们没有兴趣，并且可以按计划完成调查。当第二组到达第八条街下车后，一群年轻人在街道中央的人行道上开始展示领地的行为。在向参与者简要介绍这条路线时，这群人变得激动起来并开始大喊大叫。那群人中最小的一个（骑着自行车）向一群被迫分散的参与者靠近。由于他拒绝接受给他的信息资料，而且这群人的其他成员还在不断喊叫，参与者被要求返回小巴并开往下一条街。当他们完成了另外两条路线，在半小时后返回这条街道时，这群人中的大部分已经离开了，只有两个最小的成员还留在街上。参与者被要求按计划完成路

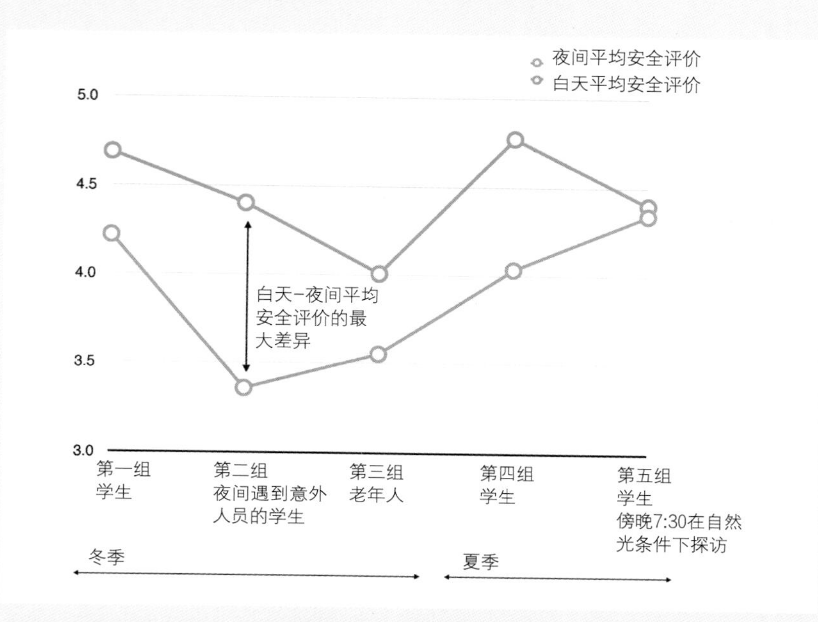

图4.7 所有探访过的街道在白天和夜间的平均安全评价

线，但要避开青少年耀武扬威的角落。当调查小组经过这些青少年并到达起点时，他们开始做模仿性行为的动作，其中一个还笑着说："这才让我们更强悍。"

这种经历通常会使实验无效，因为实验条件相差太大而无法比较。但是，这样的情况是对不良人员影响街道的真实控诉。尽管这在计划之外，但正如我们将在下一节中看到的那样，这种小小的冒险可能会导致该小组对调查的回答与其他小组不同，这表明在环境里的最近经历比其他任何东西都重要。图4.8中说明了探访街道的具体年份、日期和时间。

研究发现了什么

这项研究发现的证据表明，年龄、最近的经历以及一天中的时间对安全感的影响与照明条件无关。老年人在白天给出的安全评价明显低于年轻人。第二组对街道的安全感评价比除了第三组（年龄较大的组）的所有其他组都要低得多，这一事实也证明其他人在街道上的最近经历会影响安全感，可能与照明条件无关（图4.9）。

这意味着当我们决定在街道上如何表现时，其他人是最重要的。如果是这样，那么考虑以能够看清人的方式进行照明是有意义的。这可以通过照亮位于眼部水平的东西来实现，例如建筑物的地面层、入口和犄角旮旯，这些地方使行人担心其他人有可能藏身其中。即使其他人毫无威胁地在等公交车，本研究的证据也表明我们可能希望看到他们。在照明设计中考虑行人路线和远景也是一个好主意。用光去强调那些构成常见路线边界的建筑物，这不仅有助于定向性和可辨识性，而且还可以显示出人的身影。

显然，照明与其他因素相互作用，可以影响人们的安全感。这不仅在于其他人，还在于时间本身，因为D-N安全评价差异第二大的是第四组，他们在夏天晚上10:30完成了夜间调查。第五组则经历了两次全天的街道探访，在白天和夜间

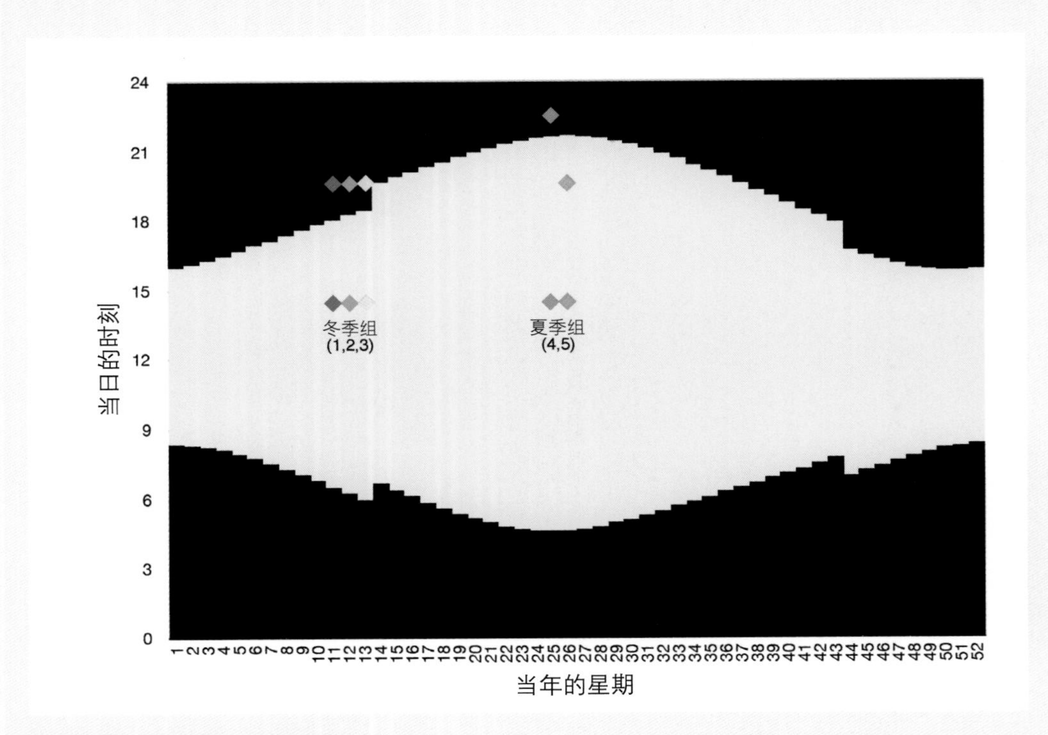

图4.8 2013年探访街道的日期和时间

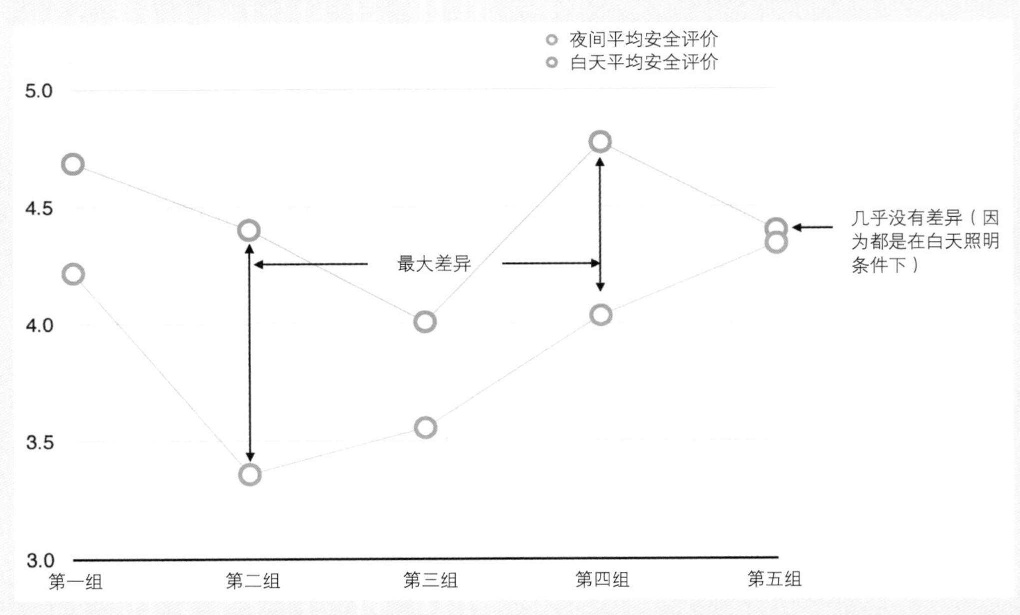

图4.9 各组人员对所有探访过的街道在白天和夜间的平均安全评价差异

的平均评价都相同，这表明这项研究奏效了，因为这正是我们所期望的。有证据表明，随着中间视觉照度的增加，白天和夜间的安全评价之间的差异有减小的趋势；但是这种效果会被减弱，其原因首先是感觉不到可以获得帮助，其次是白天对街道的感知。如前几节所述，夜间较高的照度并不能弥补感觉不到可以获得帮助的不足。也就是说，一旦将证据放在具体环境中，并且详细测量与记录每条街道的照明条件，就会得出这些因素与D-N安全评价指标之间的模型。

通过绘制D-N安全评价指标（我们将其解释为照明对环境的影响）和上述“测量灯光”部分所讨论的照明指标就可以得到相关的模型。其中一些重要的结果对照明设计会产生影响。例如，应避免小于1勒克斯的暗区超过10米，以使D-N差保持最小。相对于平均与最小照度之比，街道上的最小与最大照度之比更为重要。这意味着在放置明亮的光源时应格外小心，因为当我们适应它们时，它们会使周围的区域看起来更暗，所以我们很难看清它们周围的黑暗区域。特别是当它们的截光角较小而溢出光较少时，例如一些LED灯具尤其如此。有趣的是，面向道路所测得的眼部半柱面照度和垂直照度，比目标面部上的半柱面照度与安全感更为相关。假设我们是对其他的人感兴趣，这个结果令人惊讶。面向道路的半柱面照度可以代替平行于人行道的垂直表面的照度。因此，照明垂直表面可能比照明任何其他表面更重要，尤其是在它们有助于定义边界的地方。边界有很多层次——靠近行人的是墙和树篱，而较远的是建筑物。照亮建筑物的垂直表面也会在剪影中形成更近的边界。如前所述，还应考虑行人的视线，去照明那些被其他东西遮挡而使行人无法看见的表面是没有意义的。

英国标准5489-1:2013的表A.7中关于平均照度和最小照度的建议（请参阅表4.1）要求整体均匀度（最小值除以平均值）为0.18～0.36，这对于本研究中的参与者来说，并不是其获得安全感所必需的。例如，在位于设菲尔德的布鲁姆霍尔，大学新月街（Collegiate Crescent）有一段的整体均匀度较低（0.06），但白天和夜间的安全评价却相对较高，分别为4.7和4.5。在均匀度较低的环境中（整体均匀度<0.3，纵向均匀度<0.2），纵向均匀度似乎比总体均匀度与安全感更相关，因为纵向均匀度与D-N安全评价的相关性更强。即便如此，参与者似乎对0.08～0.13这么低的纵向均匀性并不担心。这可能是因为亮度分布对安全感很重要，而暗区只要与整个环境的意义相关就没有问题。在一条街道上，测得的最低照度仅为0.7勒克斯，但夜间和白天的安全评价之间的差异可以忽略不计。这是一条维护良好的住宅街道，其纵向均匀度刚刚超过0.1。因此，照明设计师应考虑整个环境的照明，而不仅仅是前方的道路。这也可以用间接照度表示。在本研究中，在夜间安全评价接近于白天的街道上，所有调查完成地点的间接照度都高于0.7勒克斯，除了一条街为0.4勒克斯。但是由于该街道的声誉，其上的照明影响不大。

结论

安全感取决于我们是谁、最近发生的事情以及白天或晚上的时间。照明设计师如果要承诺客户安装照明后可以改善行人安全感，在此之前应该要意识到这些因素。上述证据表明，在如本研究所探讨的住宅街道中，只要遵循简单的经验法则，照明设计师就可以摆脱对整体均匀度、平均和最低建议值的限制：避免小于1勒克斯的暗区超过10米；考虑使用非标准照明指标（例如间接照度）或灵活使用已知照明指标（半柱面照度Esc和垂直照度Ev）；为行人在空间中通行而设计；并竭尽所能确保设计体现出他们所追求的场所目标。这当然无法去定义——这些东西数十年来在照明文献中已得到认可。例如，在1967年研究人员HW·博德曼（HW Bodmann）表示："任何照明规范都必须服从感知和舒适要求，但设计的终极部分仍然需要艺术家之手。"[24]如果照明设计师认真考虑使用其创作的人，结果将尽可能令人感到安全。以人为本的设计值得投资，原因正如罗伯特·索默（Robert Sommer）在1969年所说：

> 除非发生核灾难，否则未来的人将适应空气中的碳氢化合物、水中的清洁剂、街头犯罪以及拥挤的娱乐场所。如果我们认为人终将被重塑以适应他所创造的任何环境，那么好的设计就变得毫无意义。长远的问题不是我们想要什么样的环境，而是我们想要什么样的人。[25]

这是一个不容易回答的问题。但是，创建令人感到安全的照明环境是一个好的开始，因为它使信息收集更加容易。这种可辨识性有助于我们决定在环境中的行为方式，而且这一旦确定，我们的创造潜能就可以被释放出来，而不是被想象有东西可能会隐藏在黑暗中而分散注意力。当然，并不是每个角落都需要被照亮，尤其是在没有行人的地方。目前郊区对暗天空状态（Dark Sky Status）的需求不断增长。因此，在规划照明时应探索社会环境和物质环境，并将其用于决策什么是人们应该看到的东西。

学习重点

1 照亮那些夜间可能会成为危险隐匿处的角落。

2 用光强调建筑立面、墙体和人行道边缘从而定义空间。

3 照亮不安全的地方，例如台阶。

4 考虑行人的自然视线，照亮行人眼部水平上感兴趣的区域。

5 使用诸如半柱面照度Esc（在行进方向上）和垂直照度Ev（垂直于行进方向）之类的指标，而不是人行道上的水平照度。

6 研究环境并考虑落叶树和非落叶树的树冠在一年中的不同时间可能会怎样遮挡光线。

7 在不同的环境/照明分区之间创造过渡。

8 在住宅区，如果要节省能源，可以调暗灯光而不是关闭灯光。

9 确保照明设计的变化与环境的功能和美学相关。

第二部分

探索夜间城市

第5章 夜间寻路与城市元素层次

纳瓦斯·达武迪安

引言 寻路在复杂的建成环境中不可或缺。随着建筑环境变得越来越复杂，人们需要诸如地图、指示和符号之类的视觉线索，以帮助将其引导到目的地。同时，智能手机和其他技术已经改变了我们在城市中的导航方式。有了所有这些工具，为什么寻路仍然必要和重要?答案很简单：在经常处于高压力的城市环境中，有效的寻路系统有助于营造幸福感、安全感和安心感。除了满足基本的导航、识别和信息需求外，城市寻路系统起着非常关键的作用。

对于有特殊视觉和心理需求的人来说，寻路甚至是一个问题。例如，对于患有痴呆症的流动人口来说，寻路决策是基于他们沿途随时都可以获得的环境信息。关于在白天时的寻路有很多研究。然而，关于夜间的寻路与白天有何不同，以及城市照明如何影响这一过程的证据却非常有限。本章讨论的案例说明了寻路措施如何能够增强我们在夜间的城市环境体验。

什么是寻路？它为何如此重要？

寻路指的是引导人们穿越物理空间并增强他们对环境的了解和体验的信息。

凯文·林奇在他的《城市意象》一书中，首先使用了“寻路”（wayfinding）一词来研究城市空间的特征以及人们如何记住其中的特色。[1]还有将“寻路”定义为一种解决空间问题的方法，包括决策、决策执行和信息处理；或被理解为由环境感知和认知构成，在短时间内没有恐惧和压力地到达目的地的能力。[2]寻路可能会受到一种被称为“空间焦虑”现象的负面影响，人们在遇到定向问题时焦虑感会加剧。[3]据发现，寻路问题会导致血压升高、头痛、感觉绝望和疲倦。[4]例如，如果人们无法找到他们一直在寻找的商店，他们可能会迷路且无法自我定位，反过来又会因此而感到恼怒和不适。[5]

可辨识性

可辨识性可以用两种方式解释。在小范围内，它指的是使事物的位置和功能变得明显。例如，建筑物入口的位置经常通过诸如柱子、顶篷、宽阔的步道和大门等建筑特征来表明。显然，表明事物是什么或在何处的方式取决于文化和环境。

但是，在城市环境中考虑可辨识性时，应考虑更大范围的城镇布局：街区、主要街道、广场和绿地。林奇比较了三个美国城市——波士顿、洛杉矶和泽西城（Jersey City）——并展示了每个城市（尤其是波士顿）中常常让居民难忘的部分。也就是说，如果要求依据记忆绘制地图，居民可能会记住并能够在某种程度上准确地再现同一区域（也可能会对同一区域感到困惑）。林奇提出了一系列元素——节点、边界、地标等——以此来讨论是什么使一个区域能够清晰可辨。

在能快速而轻松地找到主要目的地的GPS时代，我们可能最终会绕过鲜为人知的潜在目的地。因此，城市中的寻路计划旨在使人们了解那些游客可能不知道的，以及可能没有包含在现代导航技术中的博物馆、零售街区、历史地区和地标。其中的一个例子就是美国宾夕法尼亚州中部的一个小城市兰开斯特（Lancaster），在1999年安装了全市范围的寻路系统后，该市5个主要目的地的到访率在一年内增加了10%。此外，该市还指出，目的地的知名度有所提高，尤其是对于次要目的地而言，如美术馆和中央市场。[6]

寻路基础

寻路的原理在白天和晚上都是相同的，而且可以轻松地转换为照明设计语言。这些原理来自环境心理学家、认知科学家和其他学者的研究，他们研究人类如何在物质环境中表示和导航。

一些设计指南的创建是基于林奇关于城市可辨识性的一系列要素（例如节点、边界、地标等），以进行有效的寻路，其主要关注以下方面：

- 不同个性的地点；
- 地标和令人难忘的地点；
- 合理构建的路径；
- 视觉特征不同的区域；
- 限制导航中的选择数量；
- 远景和勘测视图；
- 延伸的视线。

以上原则可以分为三组。[7]第一组涉及有助于寻路和“可意象性”的空间特征：可识别的场所、地标、路径和区域。这些特征用于传达其内容的概念性组织，并可以在空间中进行有意义的导航。第二组涉及导航者对其进入的空间的视域，以及设计师如何才能提供寻路和决策所需的信息。第三组将空间结构与感兴趣的任务联系起来——亦即某种知识体系的交流，以确保导航者选择的路线能使其处于沟通者希望表达的意图中。[8]

图5.1　与爱丁堡的Speirs+Major照明设计事务所合作设计的彩色灯光照亮了广场并创造出夜间个性

不同个性的地点

在一个可导航空间中，为每个地点提供一个唯一的标识，可以使导航更加容易（图5.1）。恢复位置和方向的能力是导航性的首要标准。这一原则表明，每个场所都应在某种程度上具有作为一个地标的功能，也就是在较大空间中可识别的参考点（图5.2）。

事实证明，个性和对等在场所感知中起着重要作用。[9]个性是为了使空间的一部分与另一部分区分开，而对等则是使空间可以根据其共同属性进行分组。可识别的场所构成了我们的认知地图的基础，同时也是寻路过程中用于决策的空间锚点。在理想情况下，并不需要戏剧性的灯光效果，空间应具有足够的可区分性以体现这一原理，但不会有其他更多的差异。

地标和令人难忘的地点

地标有两个有用的目的。首先是定向线索，为

图5.2　夜间从亚当斯/瓦巴什站（Adams/Wabash station）北眺，美国芝加哥

此，地标的必要属性是可见性；地标的第二个用途是作为令人难忘的地点，令人难忘的地点可以给人即刻的提示以识别自己的位置。与决策点相关的地标特别有用，导航者必须在此选择接下来要走的路径，地标使位置和相关决策更容易被记住。

地标系统有助于组织和定义空间。但是，在空间中放置太多地标会降低其实用性。此外，由于地标定义了周围区域，因此它可以作为该地区内容的代表。地标应能反映空间的最高组织原则，因为它具有定义路径和思维导图构建方式的能力。

合理构建的路径

合理构建的路径是连续的，而且从各个方向看都有清晰的起点、中点和终点。导航者应通过道路的方向性和/或周边来轻松理解其沿路的行进方向。合理建构的路径其特征应同样对应于与空间内容有关的概念。路径的起点和终点形成一个引言和结论，而进展则是通过从一个概念或消息移动到下一个概念或消息来标记的。连续路径既具有将其定义为与环境不同的通用属性，又具有不断发展或变化的特征，而这些特征则会标记其长度并将一个部分连接到下一个部分。

视觉特征不同的区域

区域通过提供重新定位的线索来为寻路做出贡献。一组用于定义的特征与空间中的某个区域相关联，从而提供了一种将场所标识为位于某个特定区域中的方式。当导航者从一个区域移动到另一个区域时，空间特征的变化成为另一要素，以提示其在沿着两个区域的边界上所处的位置。这种将区域区分开的特征可以是其视觉外观上的，也可以是功能或用途上的。

限制导航中的选择数量

过度的复杂性会导致迷失方向。绕行和探索的机会可能分散导航者对于主要路径的注意力。问题是，应该为导航者提供多少选择？一个答案可能是：足以让他们了解设计师的意图就可以了。

远景和勘测视图

地图是有价值的导航工具，可将整个空间放置在导航者的视野内。同样，勘测视图可提供空间的现成图像，从而为导航者的思维导图提供基础。它还使多种信息易于获得，例如：

- 导航者的位置以及附近的环境；
- 可用的目的地，以及如何到达那里；
- 导航者在其路径上的位置和空间的大小。

一些研究人员发现，对于地标评估和草绘地图的任务而言，对环境的勘测知识可以带来与从沿路经验中获得的知识相似或更好的效果。[10]当导航者的思维导图拥有其周围环境的图像时，就可以提升在空间中进行实际导航所获得的体验。

延伸的视线

视线是设计人员引导访客从空间的一部分到另一部分的工具。对于初次探访者而言，这是提供足够信息的重要手段，以鼓励他们继续进入陌生的环境。基于视线，观看者可以确定该方向是否令人感兴趣。决策点上的可用信息还应取决于每个选择所能提供的视线。

夜间寻路

户外照明可以改善人们在夜间的能见度，并以此提高安全感、安全性和方向性，从而帮助人们感知空间。这是人工照明的主要目的。但是，人工照明也会造成空间的陌生感，在夜间形成新的环境和氛围，产生与白天的视觉状况不一样的感知信息，从而导致空间的混乱。[11]

虽然大部分有关城市可辨识性和寻路的研究并没有聚焦在夜间的城市，但是照明会对城市在夜间的可辨识性产生影响。在世界上许多城市，室外照明仍仅被视为提供安全驾驶的一种手段，而没有任何战略指导或管理系统来规划和控制针对行人的夜间环境。尽管一些城市已经制定并实施了城市照明总体规划，但它们很少遵循那些共同的目标，而且许多规划并未考虑为行人改善或维持城市在夜间的可辨识性。

夜间地标的识别及其视觉层次

在晚上，环境的外观会发生变化，对于城市中最独特的元素也是如此。因此，城市元素作为认知地图组成部分的功能性角色将发生变化。这些元素是作为地标和方向的标记。因此，可以假设，与白天相比，夜间人们的寻路行为，尤其是寻路任务中的路线选择可能会有所不同。

作为建筑师和照明设计师，戴安娜·德尔-内格罗（Diana Del-Negro）进行了一项关于城市及其地标的意象在夜间是否会被改变的研究，如果是这样，那么夜间行人的寻路行为是否会有所不同。[12]该研究在英国伦敦和葡萄牙里斯本进行，部分采用了凯文·林奇提出的方法来考虑夜间的条件。60名志愿者被要求在白天和晚上从城市的一个地点步行到另一个地点。在伦敦，参与者被要求从考文特花园市场（Covent Garden Market）步行到国会大厦（Houses of Parliament），在里斯本则是从贾梅士广场（Largo de Camões）到商业广场（Praça do Comércio）。

通过文献回顾，可以发现路线的选择与许多因素有关，其中包括：

- 参考点的可见性，这有助于提供方向感；
- 街道上的人数和感知到的照明水平，这会影响安全感，并可能吸引或阻止行人选择某条路线；
- 焦点的存在（具有高亮度对比的特定区域会引起人们的注意，并可能使人们朝着那条路线而不是其他方向走）。

在这里，我们将更详细地讨论照明在上述因素中的影响。研究发现有三个主要方面似乎影响了夜间的路线选择。它们分别是地标的发现和识别、高亮度对比的区域（重点关注的区域）和对前方亮度的感知。

发现和识别地标的能力

与其他任何对象一样，要能够发现地标势必要使其可见，即与其背景形成某种对比。地标的识别取决于对其主要特征（例如其形状和环境）的识别，而如果地标没有能被首先看到，这种识别显然是无法实现的。

对昼夜访谈中受试者行为差异最大的地方进行照明测量，并评估地标和其他建筑物的可见表面与其直接背景和扩大背景的亮度对比，结果证实了之前在维也纳进行的一项研究发现，在夜间选择地标最重要的特征是立面的大小和建筑物上的标记，而白天最有价值的特征则是形状。[13]

这些发现与在伦敦市中心进行的另一项研究相吻合，其调查了对城市元素在白天和夜间的感知。[14]研究还得出结论，某些元素仅在夜间才成为地标，而其他元素在白天引人注目，在晚上则并非如此。

一个重点关注区域的存在

随机的高亮度对比区域的存在，或提高那些在白天难以分辨的小地标的显著性，看上去对调查对象的移动产生了影响。一般来说，与白天的结果相比，晚上有更多的参与者前往那些方向。

通过比较调查对象在感兴趣的交叉点处所面对场景的亮度比，可以评估这些特征的影响。具体来说，它包括将目标区域的平均亮度（L_{av}）与目标区域附近和扩大背景的平均亮度，以及观察者的适应状态进行比较，该适应状态由整个场景的平均亮度得出，并通过在观察者身高处测得的垂直照度（E_v）进行补充。

根据照明专业人员协会（Institution of Lighting Professionals，ILP）指南所提供的对比度影响分类，这些对比度被认为可能会对观察者产生效果（表5.1）。指南中提出了周围物体的平均亮度L_{av}与城市对象的平均亮度L_{av}的对比值，如果是1：1的话效果难以觉察，1：3的话则效果比较明显，1：5的话可以形成一定的戏剧性效果，1：10的话则戏剧性效果较强。

特许建筑服务工程师学会（Chartered Institution of Building Services Engineers，CIBSE）和照明专业人员学会定义的亮度对比度的效果　表5.1

环境平均亮度L_{av}：对象平均亮度L_{av}	亮度对比度的效果
1：1	难以觉察
1：3	比较明显
1：5	一定的戏剧性
1：10	较强的戏剧性

对前方亮度的感知

在这两个城市的研究都注意到对前方亮度的感知可能产生的影响。在伦敦，许多参与者宣称他们被前方的亮度所吸引，并将其与一条主要道路的存在相关联，这可能有助于寻路。在里斯本，一些参与者出于安全考虑，避开了前方看上去较暗的街道。还有一次观察结果也发生在伦敦，尽管这并不常见——只有一位参与者号称偏爱其中的一条路线，因为它看起来太暗了。造成结果差异的原因可能是与里斯本相比，夜间在伦敦的观察地点的人更多，这可能会影响安全感。

观察者的适应状态

为了对场景和亮度的主观评价进行更完整的评估，根据目标周围对象的亮度和数量，以及对其边界对比度的感知，对观察者的适应状态也进行了考察。当眼睛有许多注视点时，视觉系统对复杂场景的适应状态可以用整个场景的平均亮度来评估。即使无法直接比较这两个测量值，也应该对观察者大约身高处的垂直照度进行分析。与伦敦相比，里斯本十字路口的平均照明量更高。伦敦的平均垂直照度约为13勒克斯，里斯本的平均垂直照度为32.5勒克斯。对伦敦和里斯本的平均水平照度测量值的比较显示，两个城市的数值比较接近。但是，当忽略在街道一侧获得的测量值，并比较在街道中间测量的平均光量时，可以发现在里斯本到达人行道的平均照明量是伦敦的两倍。在里斯本街道中间测得的平均水平照度约为25勒克斯，而伦敦为11勒克斯。

以上说明了在寻路任务期间，对前方空间亮度的感知与路线选择之间存在很强的关系。此外，地标和高亮度对比区域（或焦点）提升的显著性似乎也引起了人们的关注和行动。因此，实际上，如果给定环境的主要地标没有被照亮，则寻路可能会受到影响。

有三个属性可以使一个城市元素成为地标：视觉的显著性、潜在意义的显著性以及结构的显著性。它们可以全部失效，抑或相反，可以通过照明得以强化。对于组成认知地图的其他元素，以及在白天它们之间存在的层次结构也是如此。

夜间城市地标的视觉显著性

地标的亮度对比和视觉显著性是创建清晰易读的地区或城市的重要因素。传统意义上，对于城市照明，增加亮度已成为用于提高对象显著性的主要手段之一。然而，缺乏指导和规划控制可能会引起被照明的城市对象与其周围环境产生视觉竞争，产生“光之争霸赛”，并导致夜景中的视觉混乱（图5.3）。现有的指导原则（例如《照明专业人员学会室外照明指南》）倾向于根据所需的显著程度（显著性）来建议对象与其背景之间的亮度比，建议使用更高的亮度对比度以获得更高的显著性（表5.1）。[15]

在夜间要使一个对象更为显著，所能采取的措施只能是提高亮度对比度吗？为了回答这个问题，下面简要概述了使对象在视觉上显著的原因。

视觉显著性的基础

特征对比是显著性的主要属性

研究发现有几种差异可以产生显著性（例如，在亮度、颜色、方向、空间频率、运动和进深上的差异），用于描述这种属性的通用术语是“局部特征对比”或“单例效应”。特征单例被认为在主观上是显著的，并且有充分的证据表明，这种刺激可以在视觉搜索中被有效发现。对象中有多个属性可以在展示对象的环境中形成特征对比，其中包括以下内容：

亮度：对象与其背景之间的亮度差异是感知目标的重要条件之一。足够的亮度对比也是使对象显著的重要属性。亮度对比会根据目标/背景亮度的差异来影响对象的外观，并在对象的显著性方面发挥有效作用。

颜色：在图5.4中，彩色正方形阵列中的其中一项明显出挑，可以立刻毫不费力地引起注意。许多研究表明，在类似这样的简单展示中，无论其中有多少其他项目（可称为干扰物），注意力都会立即被引向显著的那个项目。只要目标和干扰物的颜色不太相似，在均匀的干扰物中搜索目标颜色是有效的。在存在多种干扰物颜色的情况下，如果可以在颜色空间中绘制一条线，将目标颜色和干扰物颜色分开，或者颜色比较离散，则搜索是高效的。

亮度对比和色彩可以在夜间创造或消除城市的纪念性

大小：对象可能会因其与周围对象的大小差异而从环境中突出。在搜索最大项和最小项时是足够有效的，但是在大小不一的干扰因素中搜索中等大小的目

图5.3 中国香港天际线——这是一场“光之争霸赛”吗？

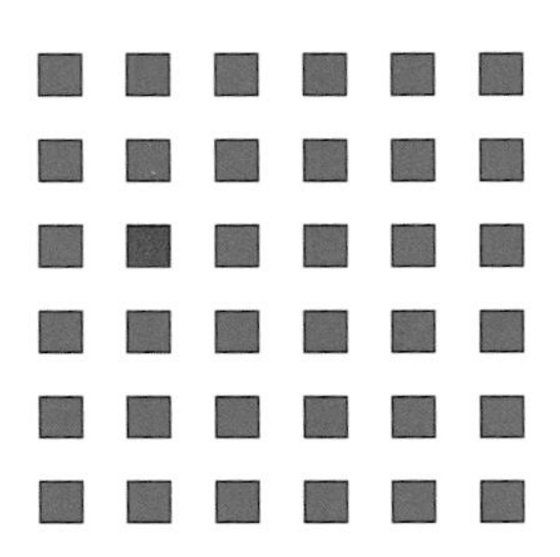

图5.4　颜色对比：吸引即时注意的有力方法

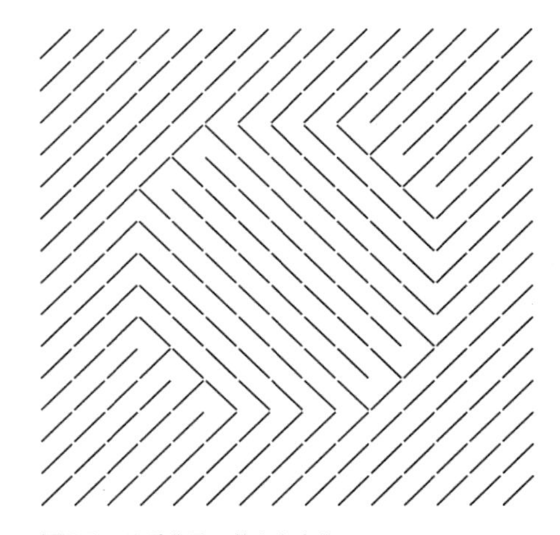

图5.5　均质背景下的方向变化

标时效率不高。比较而言，在创建显著目标时，大小对比的差异似乎比亮度对比的差异更有效。

运动：移动的目标可以从固定的干扰物区域中凸显。动态刺激是吸引人类注意力最有效的方法之一。然而，运动的不连续性是特征单例的有效属性之一；静态干扰物之间具有随机或线性运动的对象比动态刺激之间的静态对象更显著。

方向：如果对象的方向和干扰物的方向之间的差异足够大（15° 是一个很好的经验法则），则该对象将从均匀的干扰物区域中凸显；一个垂直条块在水平条块之间视觉上很显眼（图5.5）。但是，当存在一个以上的干扰物方向时，对象的显著性将由若干个因素决定。

背景照明对城市对象视觉显著性的影响

如前所述，照明可能会对地标的显著性产生不同的作用，最终影响其作为参照的有效性。例如，如果照明改变了一个地标的主要特征，那么它可能会被检测到，但无法被识别出来。如果地标的亮度、颜色或肌理与其背景之间缺乏足够的对比，或者其所处的背景非常复杂，则它的显著性也会降低。

建议通常是基于对象处在一个均匀背景前的显著性。在实际的城市环境中，对象往往具有复杂的背景。对象的显著性不仅取决于诸如局部特征对比之类的对象属性，例如颜色对比和亮度对比，还取决于目标所处的环境。

背景图案的密度和视觉显著性

先前的工作表明，增加背景中的对象数量会降低目标的显著性。例如，当目标对象的形状与其他对象不同时，增加非目标对象的密度（即增加恒定搜索区域内非目标项目的数量）会降低目标的显著性。当使用不同颜色、形状、大小和对比的刺激作为非目标刺激时，也会得到类似的结果。

单个显著的目标被发现可以吸引注意力，而与背景中其他非显著元素的数量无关。在更复杂的情况下，在展示中非目标的数量对效果影响很大，尽管实际上这个数字对于不同的任务会不断地大幅变化。例如，如果增加非目标对象的密度，那么通过方向和运动的对比来区别于背景的对象的显著性也会增加，但是对于通过亮度和颜色的对比来区别于背景的对象则不会。

图5.6 研究中的参与者对两个城市情况的显著性评价相同（统计上无明显差异）

作者于2011年进行了一项研究，以确定照明分布的背景密度对城市对象视觉显著性的影响，以及在对象显著性中照明分布密度和亮度对比之间的相互作用。[16]研究表明，在城市对象的周边环境中，照明分布密度对城市对象的视觉显著性有反向影响。这项研究支持了先前有关背景对象密度影响的研究，说明增加照明分布密度与被照城市对象的显著性水平之间具有反向相关性。研究还发现，在不同密度水平之间，照明分布密度的影响并不是恒定的。对于较高密度的照明分布其影响会减小，但是在一定水平后进一步增加密度则没有效果。

该研究还体现了城市对象的亮度对比与背景密度之间的一种权衡。例如，在背景照明分布低密度水平中，亮度对比度为3（CL=3）的对象与在中密度和高密度背景中（即亮度对比度为5和10的对象）具有相同的视觉显著性（图5.6）。

背景照明分布和视觉显著性的接近度：1度间距规则

背景混乱是降低市区和夜间对象显著性的因素之一。研究已经发现，通过在目标环境中使用非目标的高度特定的配置，拥挤的目标环境会掩盖目标并降低视觉搜索性能。众所周知，间距是强烈显著性的标志。在目标和连续的背景元素之间形成间距会产生显著性，这是包括照明设计师在内的设计人员用来提高对象的视觉重要性和显著性的方法之一。但是，与间距同时出现的其他刺激特性也可能会影响显著性。目标显著性可以通过与相邻元素的距离来调节；但是，这种调节效果仅在有限的距离上发生。结果表明，当非目标元素位于目标的1度视角内时会明显影响目标的显著性。另一方面，干扰物在较远位置出现时几乎没有影响。

在2017年的一项研究中，作者继续调查了照明混乱的接近度对城市对象视觉显著性的影响。[17]结果表明，当对象的亮度对比度为3或更高时，通过增加城市对象与背景照明之间的间距，显著性会逐渐增加。但是，在效果最强的对象周围，关键影响区域位于0.5°和1°的视角之间。超出该点的照明分布所产生的影响可以忽略不计。

结果还表明，在城市对象的亮度对比度与背景照明的接近度之间存在权衡。例如，当对象与背景照明分布之间没有间距时，亮度对比度为10的对象具有与

图5.7　研究中的参与者对两个城市情况的显著性评价相同（统计上无明显差异）

亮度对比度为3（CL=3）且周围有1°视角间距的对象相同的视觉显著性（图5.7，图5.8）。

这些发现可以为道路环境中将来的视觉识别模型开发提供依据。除光度变量（亮度和对比度）外，这些模型还应解决环境内容的重要影响，而光度变量是传统“可见度水平”模型中考虑的唯一因素。

本章中提出的观点为城市夜间可辨识性的概念和照明设计的作用提供了一些指导原则。这些原则应被用作循证设计方法的一部分。

图5.8　背景光杂乱程度的降低和1°间距规则相结合可以获得较低的亮度对比度和较高的视觉显著性

学习重点

1 照明能够以积极和消极的方式影响夜间的寻路和城市层次。

2 好的照明可以创造新的地标或焦点，增加白天被忽略区域的人流量。

3 不好的照明会消除城市的元素，降低城市的可辨识性，增加夜间探索的难度。

4 在决定地标的可见度时，亮度水平不是需要考虑的唯一因素，因为背景照明也起着重要的作用。目标是在显著性、亮度水平和背景照明复杂程度之间进行权衡。

5 遵循1°间距规则并降低照明分布密度，可以在较低的亮度水平下提高视觉显著性。

6 照明分布的大小很重要。亮度较低但尺寸较大的照明分布可产生与亮度高得多但较小的分布相同的显著性。

第 6 章

人、光与公共空间的相互作用——光不断变化的角色

伊莎贝尔·凯莉
纳瓦斯·达武迪安

引言　照明发展至今，在公共空间中已经能够发挥更广泛的作用，而不仅是在夜间提供光以令人感到安全的作用，虽然这至关重要，但却有所局限。循证照明设计和技术以及物联网（IoT）的进步增加了照明的范畴和能力，使其与公共空间中的人相关联。

本章列出了成功使用循证设计方法进行公共空间照明设计的关键因素。这些因素来自对社会、经济、环境和技术趋势的分析，以及与公共空间和城市发展相关的特征，并在伦敦的三个案例研究中得到了体现：谷仓广场、伯蒙德塞广场（Bermondsey Square）和约克公爵广场（Duke of York Square）。案例研究表明了人与公共空间中照明的相互作用，以及照明对公共空间使用的影响。

光的作用及其变化的原因

照明对于夜间使用公共空间至关重要。技术进步正在彻底改变照明设计，使照明使用和应用方面的创新成为可能。照明、传感器和物联网所带来的连接性，为人、照明和公共空间之间提供了一个更加广泛且深入的界面。物联网可以提供有关移动性和活动性的详细信息，从而有助于更好地了解在不同环境中照明与人之间的相互作用。详细的信息可以促进对公共空间在白天和晚上更好的管理和使用，并发现需要采取行动的地方，以解决公共空间使用不充分的问题。照明设计、公共空间设计、社会科学和物联网的创意集成需要跨学科的规划和设计合作。成功的运用可以扩大社会交往，在范围、强度和程度上改变城市公共空间的用途和形象。

技术进步使照明可以为城市和人做出更大贡献。但是，照明的设计和应用必须兼顾技术、财务和经济的可行性以及环境的可持续性，并且在解决社会面貌和公众参与的问题时也要保持审美上的愉悦。这些方面应该在解决照明的主要功能时一并考虑。

城市与公共空间

随着城市居民和游客人数的不断增多，城市公共空间在白天和晚上都面临需求增加的压力。夜间经济的增长也加剧了这种压力。对此，迫切需要在白天加强对已有和新建公共空间的利用，并在晚上延长使用时间和使用范围。

尽管照明技术正在发生变化，各种系统与流程之间的界面在以前是不可想象的，但现实世界不断改变着城市和对公共空间的需求。城市人口的上升、消费者支出的增长和老龄化人口的增多，增加了对公共空间使用的需求。更高的消费支出使更多人经常光顾城市中心的零售商业，公共场所的人流量也因此而增加。

越来越多的人希望在市中心生活和工作。这些趋势使城市在夜间的工作、休闲、旅游和娱乐活动进一步发展。

在线购物的增长可能会减少市中心的传统零售活动。包括在线博彩在内的线上活动可能会对市中心的夜间休闲经济构成威胁。其他的一些因素，包括在家里喝酒与在酒吧和饭店喝酒的价格差异，对夜间经济构成了挑战。如果没有蓬勃发展的夜间休闲经济，市中心在夜间的吸引力将会降低。

公共空间的私人参与

人口老龄化带来的一个问题是较多的退休人口，他们也因此有更多休闲时间在公共场所度过。对于公共空间的私人所有权和参与存在着一些担忧。[1]有人主张在公共空间的所有权和管理上，不应该有或应最小化私人的参与。而有些人则反驳了这种对私人参与公共空间的争论，并提出务实的措施来解决具体问题。

规划学教授马修·卡莫纳（Matthew Carmona）指出："归根结底，与空间相关的权利和责任，及其暗含的'公共性'，远比所有和管理空间的人更为重要。"[2]卡莫纳提出了规范性原则，将公共空间的本质重新概念化，并重塑了对公共空间的每一种批评。

在《资本空间》（*Capital Spaces*）一书中，卡莫纳和维德利希（Wunderlich）提倡公共空间权利宪章[3]，其中在授予开发许可时，城市应在协议中或作为必须满足的条件，明确规定公共空间访问和使用权，以及对私有公共空间进行管理和控制的责任。

在夜间创造迷人城市环境的要素

在创造一个迷人的城市夜间环境方面，照明设计的成功依赖于六个至关重要且相辅相成的证据因素。

跨学科设计

公共空间的优化需要进行合作，以汇集各学科的技能和专业知识，包括建筑师、景观设计师、城市规划师、环境和社会科学家、地理学家、律师和金融专家。与协调或合作相比，协作是一种更深入、更紧密的共同工作的形式。学科之间的协作将引领并推动创新，并提供渐进、全面的成果。照明设计、系统和技术的进步以及物联网的不断发展，意味着照明已成为公共空间不可或缺的元素。从概念阶段开始，照明设计就必须是跨学科协作研究的一部分，通过将照明与项目的所有其他元素进行协调与协同的整合，从而优化照明的影响。

利益相关者参与和夜间经济计划

长期以来，公共空间设计已认识到其目标是为人设计，并在设计中进行社会研究。公共空间的照明设计必须共享循证设计方法。为公众设计需要多方利益相关者参与，因此，开展宣传活动对于建立共识和理解至关重要。关于公共空间和照明设计的跨学科方法和联合思维应有助于实施夜间经济的连贯计划。夜间经济计划必须采取整体的方法来应对城市规划、融资、运输、警务、连通性、活动和设施的许可和监管。

政治家、政府官员、社区领袖、企业和组织、公众以及包括照明设计师在内的跨学科设计团队应参与设计咨询过程。创新的社区参与方法，包括利用社交媒体和协作设计流程，可以增加参与机会，为与夜间环境有关的场所特定问题提供独特的见解，并在夜幕降临后增强与公共空间的联系感。

针对场所的设计

在跨学科框架内的照明设计，同时牵涉各方参与者的利益，因而必须是对场所有针对性的。可以在多种环境中应用单一形式的照明设计，但是如果照明设计是专门针对该场所的，就可以获得更高效、更有效且令人回味的效果——增强或体现既有元素的照明设计可以与场地的内在特性建立起很强的视觉联系。照明设计应对具体和抽象的环境作出回应。具体的环境包括位置、当地材料、规划框架和建筑规范。抽象的环境包括城市的目的、公共空间提供者和管理者的目标、社区价值、用户需求以及跨学科团队在公共空间类型、位置、设计和使用方面的专业知识。

面向未来的设计

面向未来的设计概念是指制定一个在将来仍然有价值的设计。展望未来并制定经得起时间考验的照明设计，这一过程需要与其他学科合作。

新技术的飞速发展、城市形态的进化、夜间经济的需求以及对城市韧性的日益关注，都对公共空间中可适应、有韧性的照明设计提出了更高的要求。在一个一次性消费成风的社会，照明设计所提供的灵活性和适应性有助于设计的持久。

在深化设计阶段，选择照明灯具时要考虑到这些因素，以便使它们符合特定目的，并由信誉良好的供应商提供，同时容易获得，而且便于维护，这样就可以提供长期服务。从长远来看，在此阶段花费的时间和金钱最终会通过减少维护、更换和总体运营费用得以回报。

物联网数据生成与隐私

物联网和传感器可以生成数据并与人们互动，从而改善公共空间以及照明设计和管理。但是，有关隐私、数据使用和数据保护这些真正问题需要得到解决。在公共空间中，许多相互联系的方面所发生的快速变化，是进行跨学科规划和设计以及利益相关者参与的额外范畴。

维护公共空间权利

城市需要建立公共空间权利的确定性，其中一个方法是通过公共空间权利宪章来实现。这样的宪章可以在国家或城市的政府、政府代理机构、非政府组织或私人参与者的所有、管理和资助下，保障公众进入和使用公共空间。公共空间的所有权、管理和资助的形式应在达成城市对公共空间的目标的同时，实现公共空间和照明设计中的灵活与创新。

案例研究

在伦敦的谷仓广场、伯蒙德塞广场和约克公爵广场进行的案例研究，记录了人们在白天和晚上的出现和活动。其目的是为了发现和了解人们在日间和夜间如何使用公共场所，以及照明设计在优化公共场所的参与和体验方面可以发挥的作用。

案例研究结果表明，照明在决定公共空间的使用方面起着重要作用。夜间的设计和照明可以使公共空间在夜间更易于使用、富有吸引力且适合社交，同时还增加了该公共空间在白天的良好声誉和形象。充满活力的、具有装饰性的以及互动式的照明可以在夜间的更长时段内促进活动。通过社交媒体和传统媒体对夜间体验的了解可以形成场所个性，在白天和夜晚都会吸引更多对该场所的使用。

在每个案例研究现场，对物质环境、活动和光环境都进行了调研。使用的工具和技术包括现场调查、基于直接观察的活动分布、视频分析、照度和亮度分布。每个场所得到的大量数据都进行了定性和定量评估。

这三个案例中场所的形式和功能各不相同，并具有多种形式的照明。为了控制外部因素和变量，每个场所的数据都是在2016年7月和8月中每周的同一天（星期二和星期三）以及日间和夜间的同一时段（分别为晚上7:30～9:30和晚上9:30～11:30）获得。

是什么让一个场所很棒?

这三个案例研究的夜间观察结果被汇总在一起，以了解照明如何影响人与公共空间的相互作用。公共空间项目（Project for Public Spaces，PPS）制定了场所示意图（Place Diagram），以评估一个场所的好坏。[4]场所示意图列出了构成一个好场所的四个属性，即社交性、用途和活动、舒适感与形象，以及可达性和连接。场所示意图还提供了用于评估场所的定性和定量的术语。

1. 社交性与在某个场所相遇的人或与其他人一起去某个场所的人有关，美国城市学家威廉·H. 怀特（William H. Whyte）观察到这一情况通常意味着人们已经预先决定要去这个场所。[5]
2. 用途和活动是指人们在某个场所中做的事情，这有助于将人们吸引到某个场所并鼓励其再次前往。
3. 舒适感与形象包括人们对某个场所的感知，包括安全性和清洁程度，是否有舒适的休憩空间，如怀特指出的可以是窗台和台阶，也可以是长凳和座椅。[6]
4. 可达性与连接是指场所与其周边场所相连接并且在实际中可以前往，从远处可以看见并且在视觉上感觉通透。

作为场所，影响这三个广场的夜间感觉的不仅取决于照明。还有许多其他因素会影响夜间公共空间中活动的水平和类型，其中包括与公共交通接驳点的距离，或者该广场是否处于人们前往特定目的地的线路中。但是照明必须在公共空间的性能上发挥重要作用。如果没有充足而有效的照明，那么即使是白天非常吸引人的公共空间在夜间也会被废弃。

案例研究

谷仓广场
伦敦

谷仓广场于2012年开放，是三个案例研究的广场中最近完成的广场（图6.1，图6.2）。作为私人所有的公共空间（POPS），谷仓广场是国王十字中央区重建项目的一部分（请参阅第2章）。它是一个空间内的空间，宽90米［与伦敦的莱斯特广场（Leicester Square）相同］，处于一个宽150米［与伦敦的特拉法加广场（Trafalgar Square）相同］的空间内。谷仓广场最初是一个运河船坞，工作船只停泊在此装卸货物，以刘易斯·丘比特于1852年设计的谷仓大楼而命名，是世界上第一个可以通过运河、铁路和公路进入的多式联运枢纽。谷仓大楼现在是伦敦艺术大学中央圣马丁艺术与设计学院。为了与繁忙的周边地区相区别，谷仓广场被计划作为漫步、放松和交往的场所，是运河的交汇处，也是音乐节和其他活动的举办地点，其中也包括用大屏幕直播体育赛事。

谷仓大楼的外立面、树篱和展馆建筑采用柔和的照明形成广场的边界。广场使用了间接照明系统，灯具和反射器安装在两根15米高的灯杆上，眩光因此得以控制到最少，使人们可以清楚地看到谷仓大楼。可伸缩的馈电柱可以升上地面为特定事件提供电源和数据，照明水平也可以根据广场的用途和广场上的人数而变化。

广场中央有4个下沉的喷泉水池，里面有超过1080个喷头。喷泉在白天时分别以静态、平缓动态和活力动态等对比强烈的不同模式进行表演，在晚上则通过LED照明创造出壮观而多彩的夜景。水景可以通过编程创造出各种图形和显示、临时空间以及路线，在某些特定时间还可以通过智能手机对喷泉进行控制。将喷泉关闭就可以进行各种广场活动。360个高压雾喷产生的水雾在冬天用灯光从下方照亮以增添气氛，在夏天则可以起到清凉

图6.1　日间的谷仓广场（摄于2016年7月5日下午6:35）

图6.2　夜间的谷仓广场（摄于2016年7月3日晚上10:45）

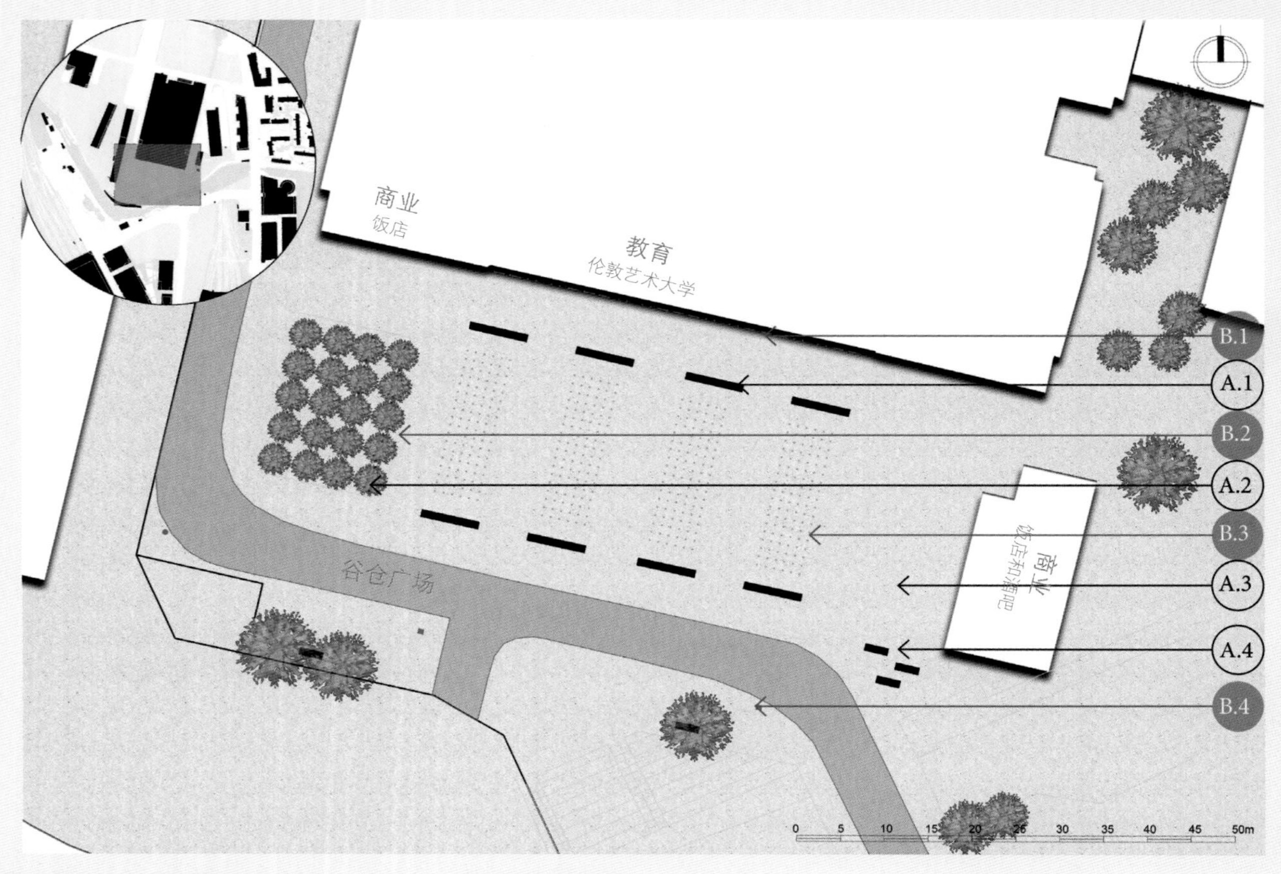

图6.3 谷仓广场平面图

的效果。喷泉将游客吸引到谷仓广场，对于那些穿过广场、上下班通勤、在周边建筑中学习或工作的人而言，喷泉是一个地标，也是一个有吸引力的特色。

场地平面如图6.3所示，其中包含了所有的设计元素，灯具分布的位置用红点标注。案例研究的结果和分析以图解和叙述的形式表示，包括照片（图6.4）、活动分布图（图6.5，图6.7）和照度分布图（图6.6，图6.8）。照度分布图可将光转换为空间表达的图解形式用于分析比较。活动分布图和照度分布图放在同一页面上以方便参考和比较。

单独的照度分布图不能体现光环境的整体性。相关立面的亮度分布图被用以提供更丰富的光度数据来源。亮度分布图的样本作为图解辅助工具，用于说明要点和观察结果。

谷仓广场：白天和晚上的活动观察

谷仓广场展现了在昼夜多用途方面成功而有效的分布与共存。照明在增强夜间体验和广场内公众参与方面起着重要作用。

由于在光环境中缺乏对比，开放式广场白天的光度数据几乎没有变化，仅在经过时才会被提及。每个地点的夜间结果和分析确定了日间和夜间条件下场地使用和活动模

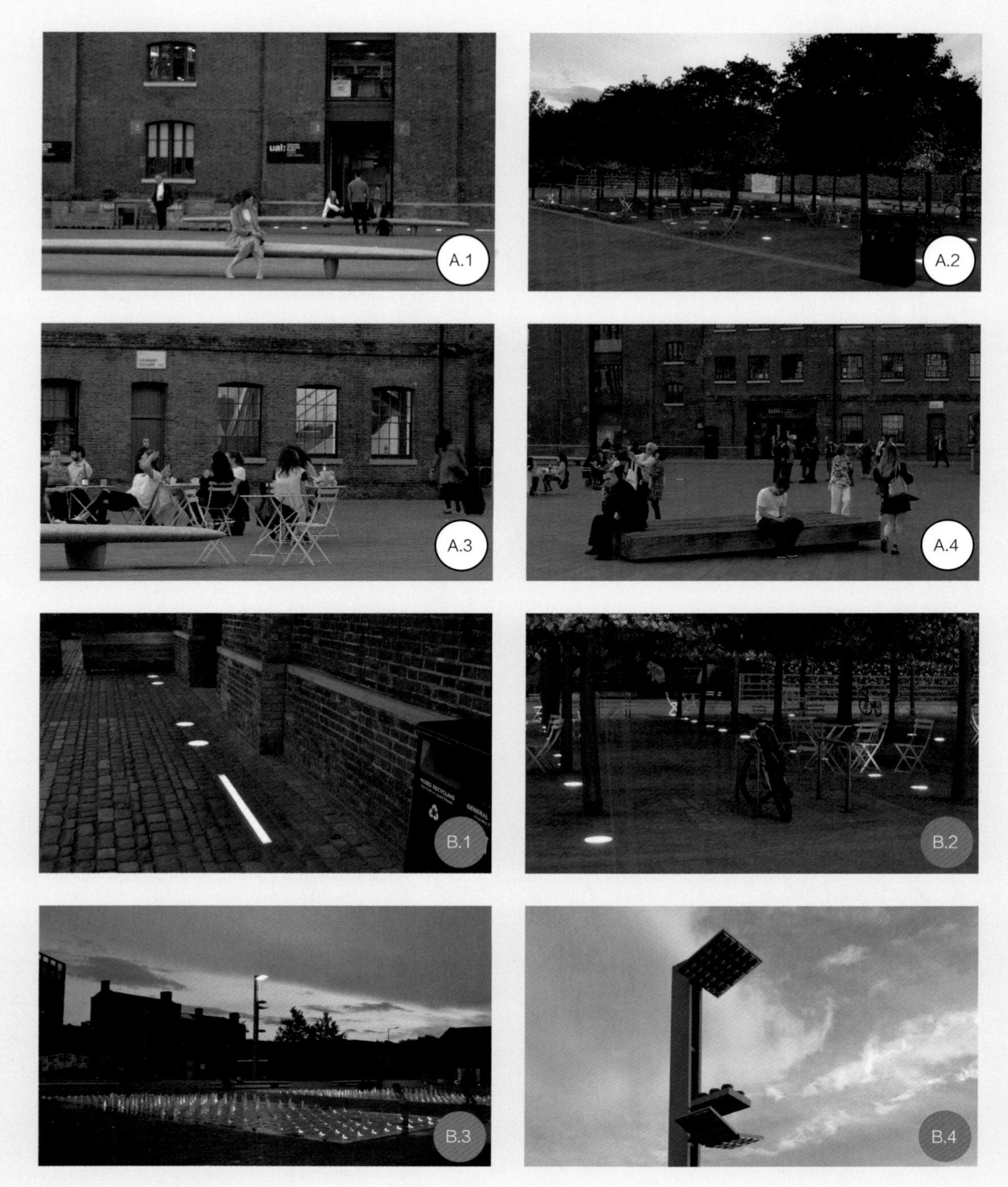

图6.4 谷仓广场的座位和照明示例

式的变化。

在谷仓广场进行的白天观测期间记录了大量参加各种活动的人。绘制出的高密度活动说明了场所使用和活动的模式。图6.5中绿色点的集中分布表示最常通行的路线，这也说明了使用模式的发展。

在观测期间的后半段，人们走路的速度明显下降。这可能是由于从晚上8:30起，进入广场正常通勤的人数有所减少。谷仓广场的夜间观测期间显示，白天发生的各种活动延续到晚上，而且形式有所变化。

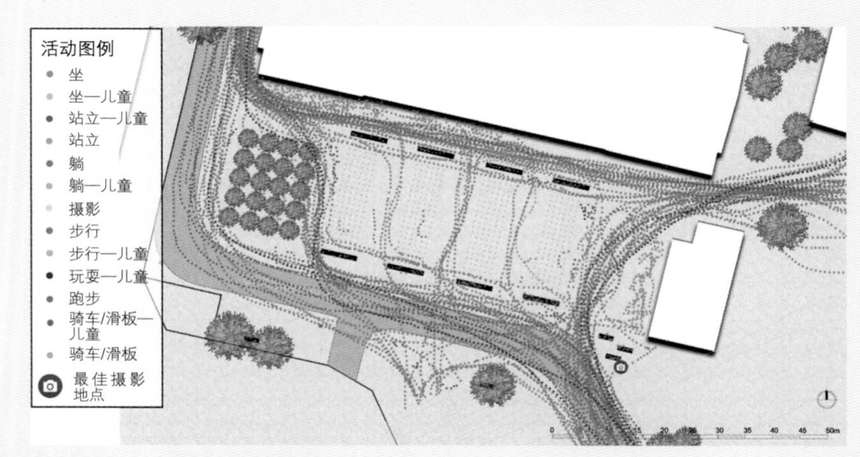

图6.5 谷仓广场综合活动分布图：日间环境
（2016年7月26～27日晚7:30～9:30）

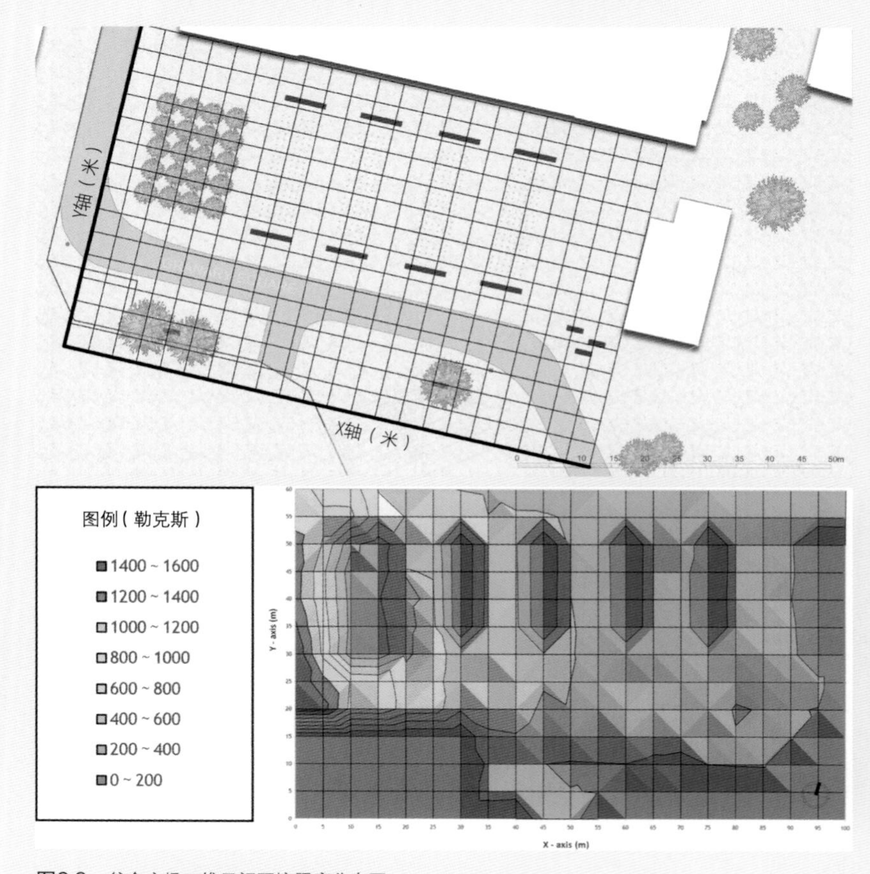

图6.6 谷仓广场二维日间环境照度分布图

晚上9:30，伴随着欢呼声和拍手声，广场中央的喷泉被灯光照亮。空气中充满着活力。人们站立着观赏这一盛大的演出，孩子们纷纷跑来，相机的闪光灯不停地闪烁。广场的使用和活动模式都发生了出乎意料的变化。白天活动分布图中的空隙变得更小且更不规则。天黑后，有更多的人前往喷泉所在的空间。也许是人们在黑暗中感觉更自在——无论如何，人们被动态照明所吸引。

可以预料到，在夜间，广场上的人数自然会减少，特别是在工作日。从晚上10:30开始，广场上的人数逐渐减少。前往广场的人从日常上下班通勤者（进行必要性活动）变为大量的游客和寻求休闲的人们（参加选择性活动）。喷泉在游客中广受欢迎，因为许多人在穿过场地时都带着行李——很有可能是去往圣潘克拉斯国际车站或国王十字车站。

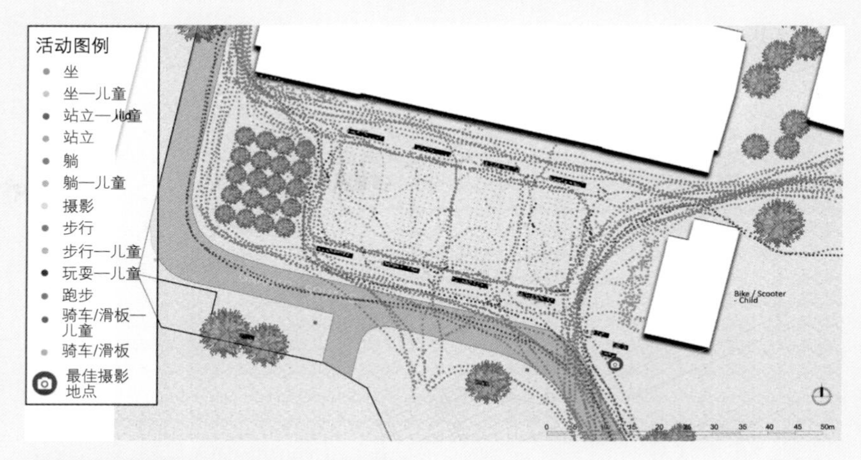

图6.7　谷仓广场综合活动分布图：夜间环境（2016年7月26～27日晚9:30～11:30）

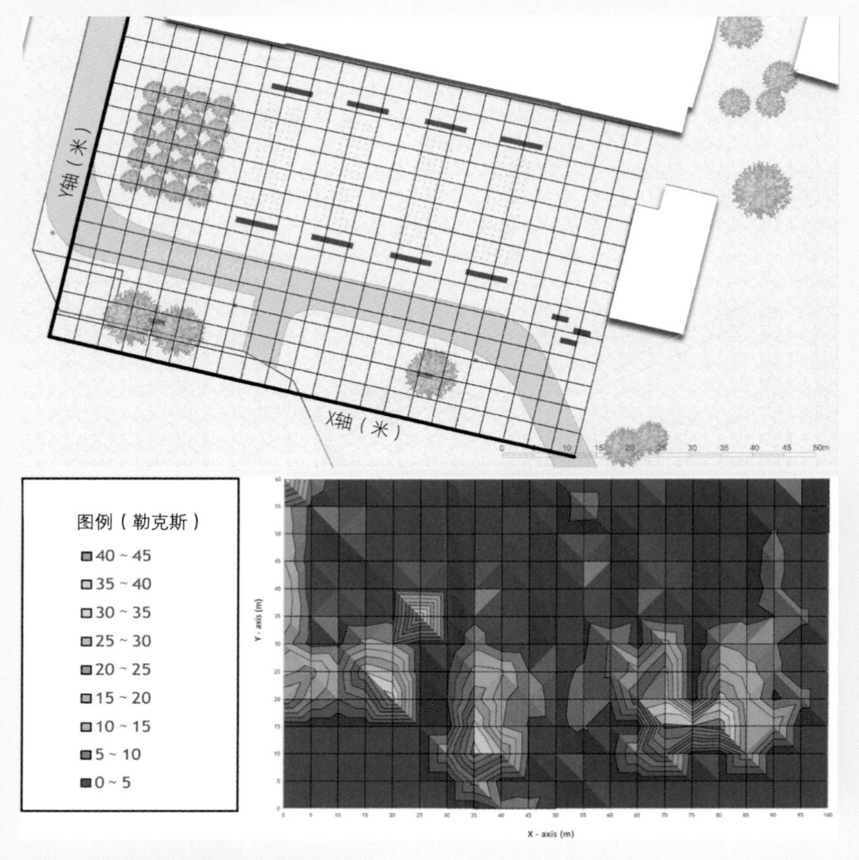

图6.8　谷仓广场二维夜间环境照度分布图

天黑后，对于长时间停留的人而言，树下的休息区成为热门的去处，相对而言在白天则缺乏人气。这些地方的使用者主要是夫妇或情侣，有好几对在整整两个小时的观测时间内都没有离开。

与白天观察期间相比，晚上安保人员的出现有所减少。人们似乎认为广场是安全的，当人们靠近喷泉时，自行车和其他物品经常无人看管。

图6.8表示了灯杆的照度分布，但由于灯光喷泉的动态特性，它无法准确地描述整个照明环境。图6.9表示了喷泉的亮度对比——这更能说明其光环境的品质。

谷仓广场并不依靠商业零售行为来创造活动。它在晚上呈现出的照明景观可以引起人们的活动和兴趣，使广场成为夜间富有吸引力的目的地。与白天相比，夜间的氛围、用途和活动都有所不同。白天，谷仓广场作为一个公共空间，里面的人主要是从事必要的活动。天黑后，前来这里的人主要是进行选择性活动。照明与人有关，可以影响感知并提供基本功能，其中包括安全感。虽然并非所有的广场和公共空间都可以提供照明景观，但谷仓广场可以作为这种方法的典范。

图6.9　谷仓广场：夜间喷泉视图，以及相应的动态水景照明亮度分布图示

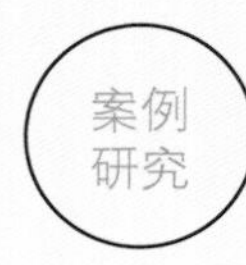
案例
研究

伯蒙德塞广场
伦敦

伯蒙德塞广场位于伦敦南华克区议会（Southwark Council）所有的一个地块上，于2008年金融危机期间开业。为换取建设许可，私人开发商重新开发了公共空间，以能够在这个接近三角形的区域中建造一个酒店以及公寓、办公室、零售商业单元和一个小型电影院，还包括一个英国乔治王朝时期风格的露台（图6.10，图6.11）。这个由私人管理的空间始终向公众开放。广场的目的是提供公共空间并举办各种活动、进行滚球比赛、提供午餐期间的休闲和日常使用。每个星期五，伯蒙德塞广场里的摊位都会举办古董市场。

悬链式照明分布在广场上方，使地面摆脱了布灯标准的限制。橡木长凳可以提供座位，还有一个不锈钢自行车站，可停放76辆自行车。铸铁的隔离柱反映了古董市场的主题，同时也管理车辆进入广场。

场地平面如图6.12所示，其中包含了所有设计元素，灯具分布的位置用红点标注。案例研究的结果

图6.10 白天的伯蒙德塞广场（摄于2016年9月17日下午4:05）

图6.11 夜间的伯蒙德塞广场（摄于2016年9月17日晚9:45）

和分析以图解和叙述的形式表示，包括照片（图6.13）、照度分布图（图6.15，图6.17）和活动分布图（图6.14，图6.16）。照度分布图是为了将光转换为空间表达的图解形式，用于分析比较。

单独的照度分布图不能体现光环境的整体性。相关立面的亮度分布图被用以提供更丰富的光度数据来源。亮度分布图的样本作为图解辅助工具，用于说明要点和观察结果。

伯蒙德塞广场：白天和夜间活动观察

在伯蒙德塞广场的观察期间发现活动的范围有限，在夜间活动会减少。据观察，在白天和晚上使用广场的人中，约有70%从事必要性活动。从白天到晚上，活动模式没有重大变化，但是重要的观察发现是活动模式与光环境直接相关。

广场上的活动主要是行人的通行，几乎没有人逗留或休闲的迹象。活动分布图东北部的主要目的地是塞恩斯伯里（Sainsbury）当地食品店（营业时间为早上7点至午夜），其中有3条最常见的步行路线通往这个地点。图6.14显示了从北向南或从南向北经常通行的路径，人们频繁地穿过这个广场。

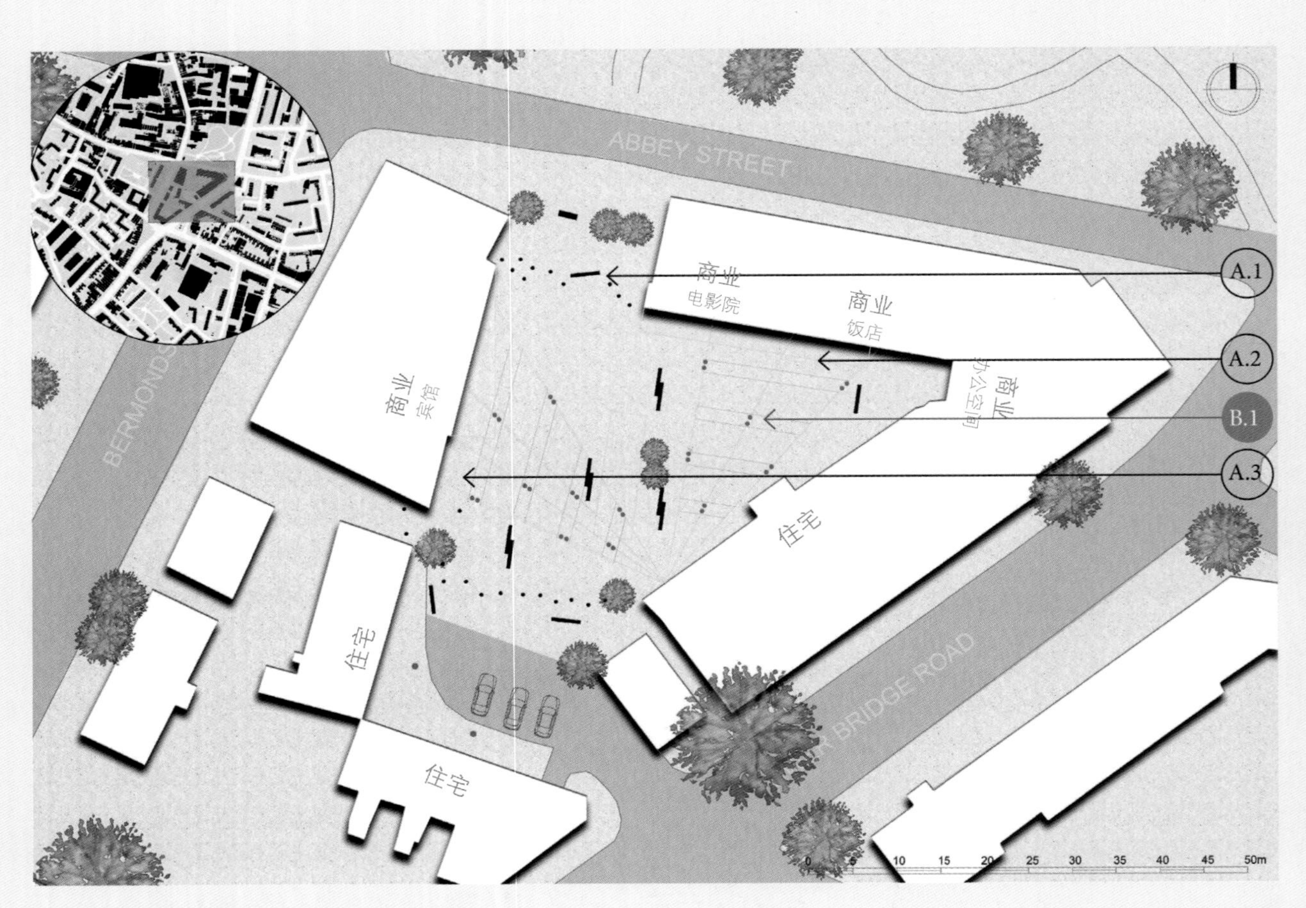

图6.12 伯蒙德塞广场平面图

图6.13　伯蒙德塞广场的座位和照明示例

许多骑自行车的人抄近路直接穿过广场（由北向南或由南向北）。自行车停放处是骑自行车的人的目的地，骑自行车的人在步行到广场上和广场附近的目的地之前，先将自行车放下并安全地存放好。通常，这些长凳并不太热门。在整个星期二（8月6日）的观察期间，长凳一直空着。长凳式样狭窄，有些长凳的基座还不平，并不适合团体活动，也不舒适。电影院和酒吧外的野餐式长椅是广场上唯一一个人们长时间使用的休憩空间，但是记录到的最长停留时间只有30分钟。

图6.15中显示的照度峰值是由下文所提到的紧凑型荧光灯所导致，其来自广场的部分橱窗展陈。

在晚上9:20，广场上方的灯具开始逐渐亮起，并在9:40达到最大功率。使用电影院和酒吧座位的人数有所增加，这些受到吸引的人群看上去像是常客。人们的总体状况保持不变。

随着观察继续进行，人们行走的速度大大提高。这可能与广场中的安全感有关。图6.16表明，路线模式与在白天观察到的大致相同，塞恩斯伯里当地食品店仍然是最主要的目的地。

对路线模式的进一步分析发现，行人行为的调整与光环境的条件直接相关。首先，头顶上方的照明在地面上有很强的聚光效果，可以观察到人们在穿过空间时通常会在照明的光斑周围转向。其次，从塞恩斯伯里当地食品店到自行车停

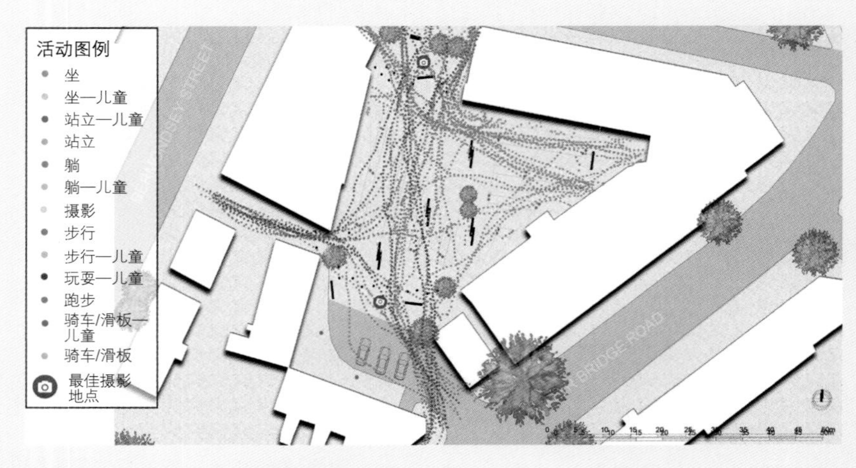

图6.14 伯蒙德塞广场综合活动分布图：日间环境（2016年8月6～7日晚7:30～9:30）

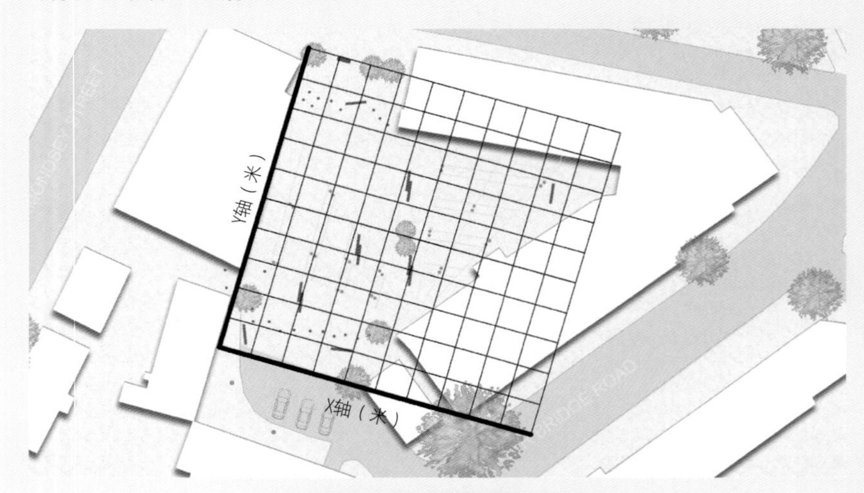

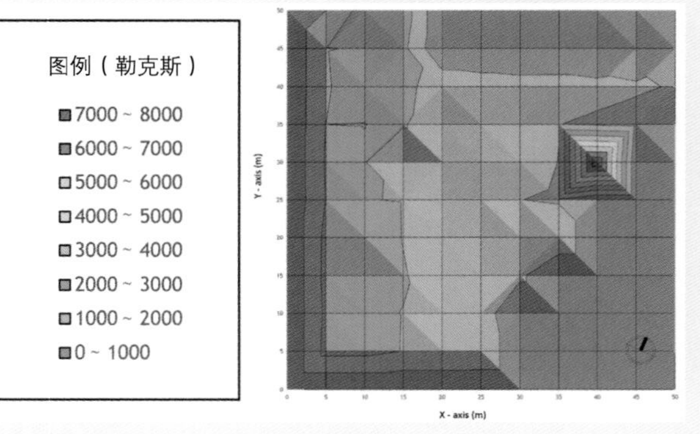

图6.15 伯蒙德塞广场日间环境二维照度分布图

放处的广场范围内，展示橱窗[维特琳画廊（Vitrine Gallery）]中的紧凑型荧光灯产生了强烈的亮度对比（眩光），这似乎阻止了人们在其周边散步。图6.18和图6.19有效地说明了这些发现。

观察和分析表明，白天或晚上几乎没有选择性的活动。人们主要从事必要性的活动，包括前往食品店。广场上有很多活动，其中伯蒙德塞古董市场在每周五（上午6点至下午2点）举行，农夫市场在每周六（上午10点至下午2点）举行。

人们白天或晚上都没有在广场上逗留。在广场上的电影院里看完夜场电影后出来的一些顾客在酒吧外面停下来放松一下，但是他们只待了很短的时间。既狭窄又不舒适的长凳对于鼓励人们轻松地坐在广场上几乎毫无作用。鉴于白天公众对广场的参与有限，因此改变广场上的灯光可能不足以改变广场在夜间的感知和吸引力。与鼓励选择性活动相比，这个广场似乎更适合举办活动。

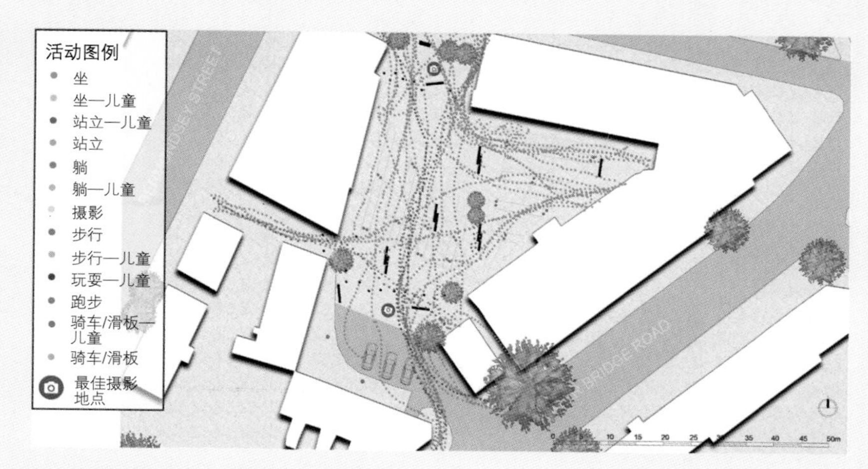

图6.16　伯蒙德塞广场综合活动分布图：夜间环境（2016年7月26～27日晚9:30～11:30）

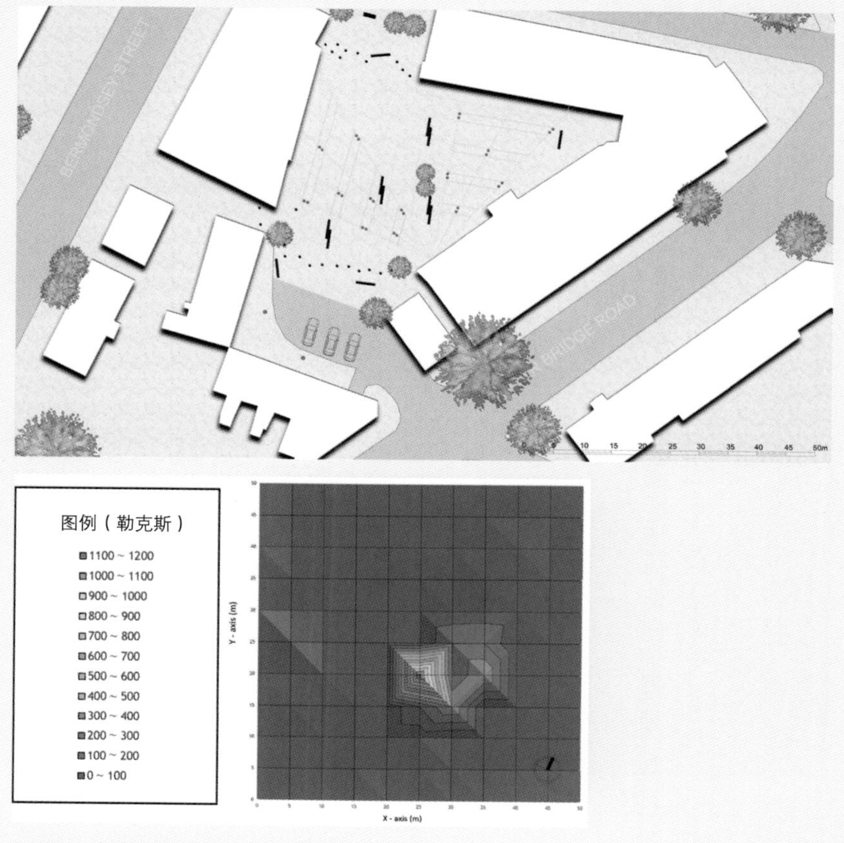

图6.17　伯蒙德塞广场夜间环境二维照度分布图

图6.18 伯蒙德塞广场：维特琳画廊和塞恩斯伯里当地食品店视图，以及头顶上方的照明灯具所产生的聚光效果的亮度分布图示

图6.19　伯蒙德塞广场橱窗展陈中的线性紧凑型荧光灯的亮度分布

约克公爵广场
伦敦

约克公爵广场于2003年首次向公众开放，通过广场进入的商店和餐厅吸引了众多优质的经营者。广场在白天和晚上吸引人们参加各种必要性活动（前往商店和餐厅）和选择性活动[前往萨奇画廊（Saatchi Gallery）或坐下来放松]。约克公爵广场于2012年进行了重新开发（图6.20，图6.21），是毗邻切尔西（Chelsea）的国王大道（King's Road）前约克公爵军营的新商业零售和文化区的一部分。广场为休闲娱乐、休憩放松提供了一个充满活力的公共空间，还可以容纳市场摊位和活动。石质座墙采用高品质的设计和材料，并带有内置照明和垃圾桶，使广场看上去整洁且时尚，而路面铺装艺术则反映了该地区的历史。

设计照明是为了将公众对广场的使用延续到晚上，改善环境照明水平并增加远距离视觉效果。照明设备紧凑而隐蔽，柔和的照明突出了建筑，增加了安全感并营造了积极的氛围。温暖的白光高效且环保。由照明所形成的地标将广场和前军营现在是萨奇画廊的所在地联系起来。画廊的照明吸引了人们的

图6.20 白天的约克公爵广场（摄于2016年6月6日下午5:25）

图6.21 夜间的约克公爵广场（摄于2016年6月6日晚10:25）

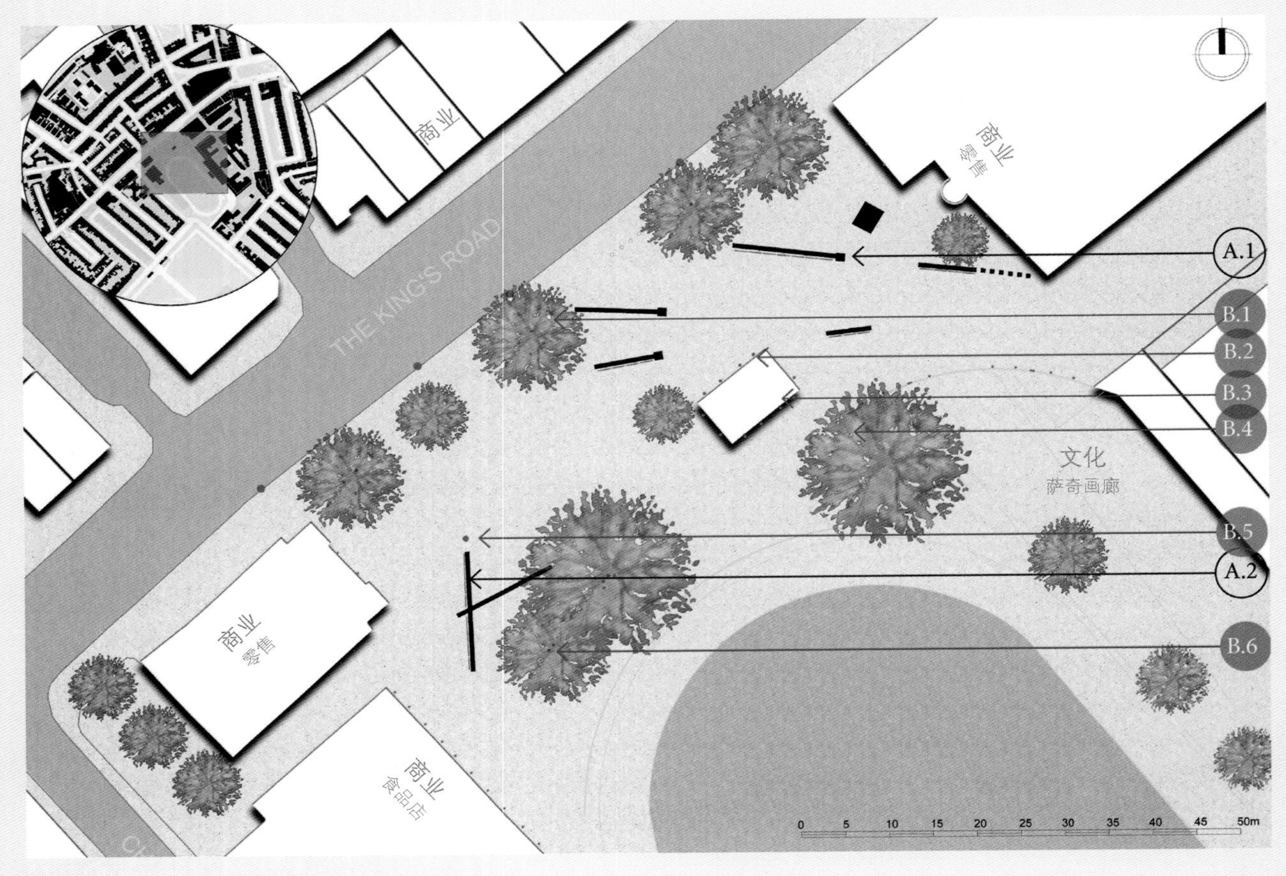

图6.22 约克公爵广场平面图

注意力，并将广场和步行路线连接到了画廊。装在树上的图形投影灯为铺地区域提供照明，从而避免了灯具在地面上显得突兀，并吸引人们将目光转向画廊内树木的剪影。

场地平面如图6.22所示，其中包含了所有设计元素，灯具分布的位置用红点标注。案例研究的结果和分析以图解和叙述的形式表示，包括照片（图6.23）、活动分布图（图6.24，图6.26）和照度分布图（图6.25，图6.27）。照度分布图是为了将光转换为空间表达的图解形式，用于分析比较。

单独的照度分布图不能体现光环境的整体性。相关立面的亮度分布图被用以提供更丰富的光度数据来源。亮度分布图的样本作为图解辅助工具，用于说明要点和观察结果。

约克公爵广场：白天和夜间活动观察

通过观察发现了各种各样的活动，到晚上主动的活动会转变为被动的活动。广场的整体节奏明显慢于格兰纳里广场（Garyary Square）和伯蒙德塞广场，而且在前往广场的人中有很多的选择性活动发生。

图6.23　约克公爵广场的座位和照明

图6.24显示了两种主要的路线模式（以高密度的绿色圆点表示）：其中一条路线是沿着与场地相邻的人行道直行，另一条是穿过场地的路线（从国王大道一直到广场外的餐厅区域）。地图上还显示了大量的辅助路线——其中很多是描述路人转入广场的情况。

广场上座位的空间布局使其很受个人和团体的欢迎。长条的座位不太适合大型团体社交性的就座安排。坐下的人选择坐在长凳的两侧。坐在长凳上的大多数人都只是短暂停留，平均停留时间约为5分钟。事实证明，树下的长凳远没有其他长凳那么受欢迎。持续使用鹧鸪食品商店和餐厅（Partridges food store/restaurant）户外座位区的人数较稳定（开放时间为上午8点至晚上10点）。

在案例研究期间，萨奇画廊举行的滚石（Rolling Stones）展览利用主题雕塑使广场得到了关注。路人经常进入广场和雕塑拍照（图6.25）。

在两个观察时段（2016年8月6日 晚9:30～11:30和2016年8月7日 晚9:30～11:30）中的夜间活动通过视频记录，并绘成综合夜间活动分布图（图6.26）。

夜间使用广场的人数减少了。但是，沿着广场边上的国王大道直行的路线一直很繁忙，越来越多的路人停下来进入广场——这是广场视觉通透性的一个范例。很少有路人改变他们的路线而进入广场，这很可能是因为在夜间观察期间通过广场进入的

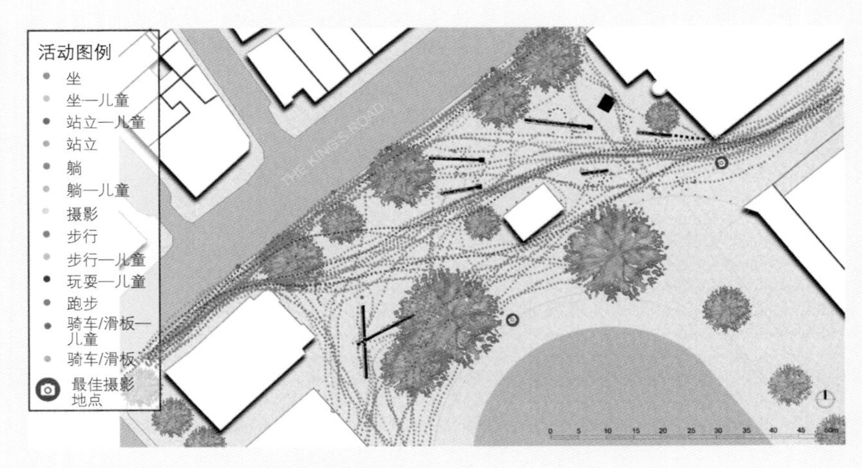

图6.24　约克公爵广场综合活动分布图：日间环境（2016年8月6～7日晚7:30～9:30）

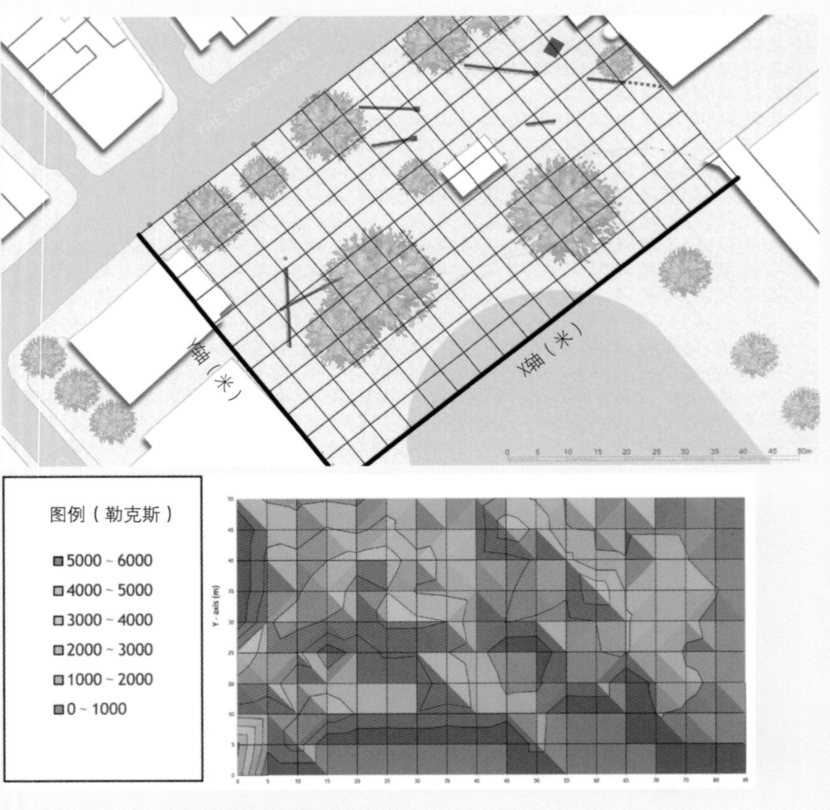

图6.25　约克公爵广场日间环境二维照度分布图

商店已经关闭了（图6.27）。

使用模式中最突出的变化是就座的人数。在晚上，树下的休息区从使用最少的地方转变为使用最多的地方。选择坐在广场上其他地方的长凳的人中，有超过70%的人坐在没有线形灯带照明的那一侧。如图6.28和图6.29所示的亮度分布图表明，这两种活动似乎都受到广场照明的影响。

某些座位上的照明似乎会影响就座位置的选择（图6.28表明了与座位有关的照明分布）。国王大道是约克公爵广场周边的一部分。白天和晚上经过国王大道的人都可以看到广场，表现出广场具有较好的视觉通透性。

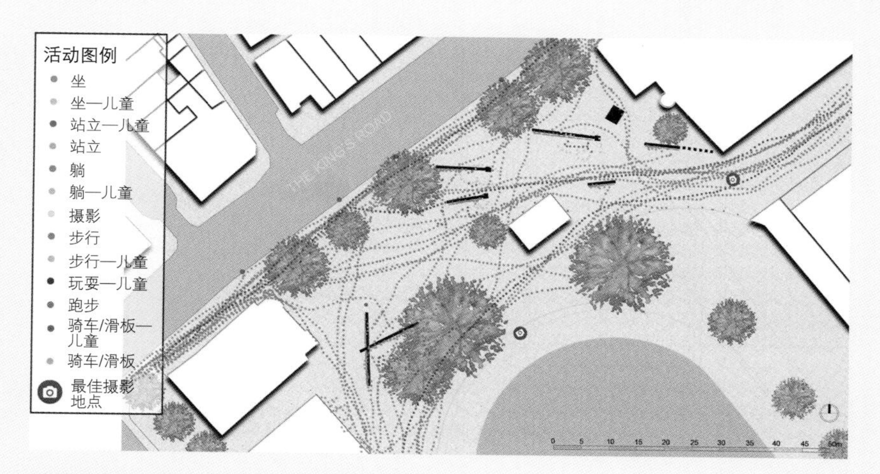

图6.26 约克公爵广场综合活动分布图：夜间环境（2016年8月6～7日晚9:30～11:30）

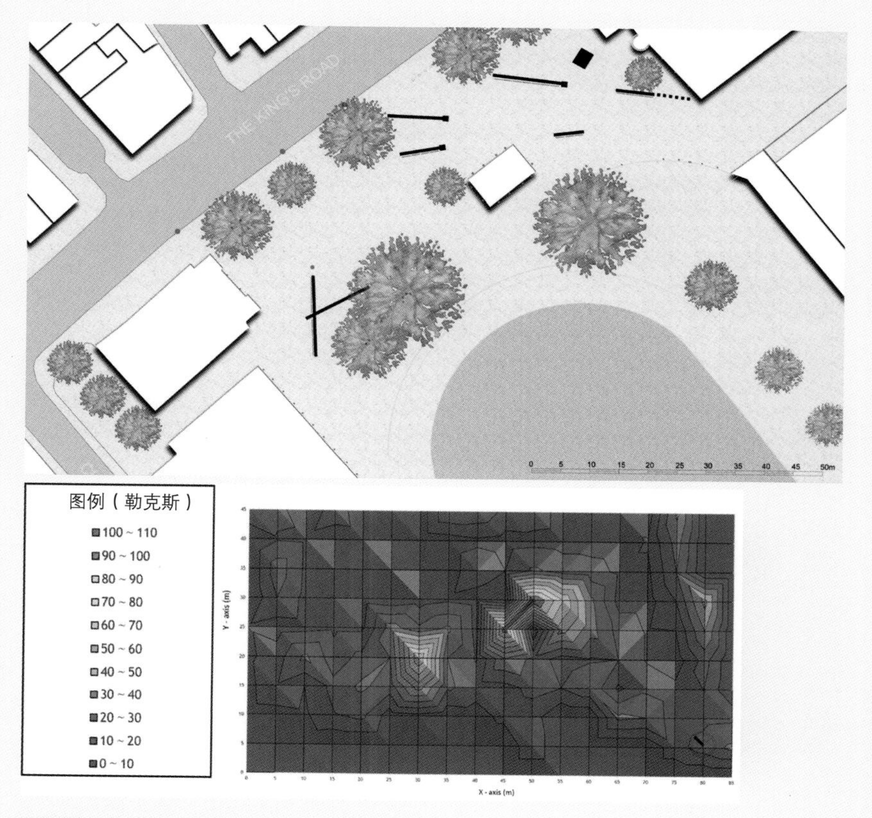

图6.27 约克公爵广场夜间环境二维照度分布图

图6.28 约克公爵广场：树下座位区视图，以及亮度分布图示

图6.29　约克公爵广场：长凳视图，以及LED灯带的亮度分布图示

关于夜间好场所特质的结论（由夜间观察结果得出，并根据PPS场所图解修正）[7] 表6.1

	表现	格兰纳里广场	伯蒙德塞广场	约克公爵广场
用途和活动	人们在这个地方见面	是	否	否
	人们互相交流	是	否	是
	人们带他们的朋友和亲戚去看这个地方	是	否	是
	人们在这个地方待的时间较长	是	否	否
社交性	有很多事情可以做	是	否	否
	很多不同类型的活动发生	是	否	否
	不同年龄的人使用这个地方	是	否	是
	路过的人被吸引到这个地方/路过的人在这个地方停留	是	否	是
舒适感与形象	有保安/这个区域感觉安全	是	是	是
	有足够的地方坐，并且座位的位置方便使用	是	否	是
	这个空间的第一印象好	是	是	是
可达性与连接	人们使用各种交通方式到达这个地方——公共汽车、火车、小汽车、自行车，等等	是	否	是
	空间功能上能满足有特殊需要的人群	是	是	是
	人行道与邻近区域相连，人们可以轻松地走到这个地方	是	是	是
	空间与周边建筑有较好的连接，周边建筑的用户也使用这个空间	是	是	是
	空间能够从远处看到/从外部可以看到内部	是	否	是

广场作为公共空间的整体表现

表6.1显示了研究人员和作者记录的信息，并根据夜间对每个广场的观察，在回答一系列是或否的问题中，展现出每个广场的特质。这个表格的目的不是比较三个广场上的照明或比较公共空间的性能，而是帮助我们从现场观察中了解夜间每个广场上的照明和人如何相互作用。

在格兰纳里广场的夜间观察显示，表中的所有16条表现都为“是”，这表明它在社交性、用途和活动，舒适感与形象、可达性及连接这四个特质上的评价很高。在伯蒙德塞广场的夜间观察表明，这16条表现中有5条为“是”，从而得出的结论是社交性、用途和活动的特质较低，舒适感及形象的特质适中，可达性与连接的特质较高。约克公爵广场的夜间观察结果显示，16条表现中有12条为“是”，这表明它在舒适感与形象、可达性与连接的特性上评价很高，对社交性、用途和活动的评价中等。

这些案例研究证实了六个至关重要且相辅相成的因素，这些因素有助于照明设计成功创造出具有吸引力的城市夜间环境。

新公共空间的位置必须精心选择，因为好的设计，包括有效的照明设计，不能使一个糟糕位置的公共空间对选择性活动具有吸引力。好的位置可以进行有效的设计，尤其是有效的照明设计，以方便在夜间更好地使用公共空间。

照明、人与公共空间相互作用的潜力巨大，这将延长夜间使用公共空间的时间，以适应不断增长的需求。

学习重点

1 技术进步正在彻底改变照明设计，并实现照明用途和应用领域的创新。

2 现在，公共空间里夜间照明的作用远远超出了提供安全感。

3 照明可以为一个地区增强夜间体验，解决公众参与方面的问题，并增加人流量和用途的多样性。

4 充满活力的、具有装饰性的以及交互式的照明设计可以形成场所个性，而社交媒体上的形象传播则可以增加人们的了解。

5 提供灵活性可能是使照明设计适应未来需求的关键组成部分。要做到这一点，就需要与其他学科合作，以发现并应对挑战。

第三部分

项目后评估

第7章 从设计项目中学到的

丹·利斯特
埃米莉·达夫纳

引言 照明是所有社交生活的基础，但是公共领域的照明常常专注于规范性的设计标准，而不是针对在现代化的24小时城市中人的互动方式而进行的社交相关设计。此外，创意设计是一个有机的过程，需要考虑不断变化的城市背景、设计与业主团队的经验和理解，以及个人的社会、经济和场地的环境约束。本章介绍了作者源于设计实践的主观观察和客观评估，了解人们在夜间如何与城市环境互动，重点关注设计师如何重新审视项目，以评估可以学习的经验教训，以及如何从自己的项目和其他过去的项目中获得证据，从而为未来的方案提供依据。

这些观察总结为四个关键方面。

1. 设计构想：强大、清晰的概念和愿景至关重要，不仅能够确保预期结果的实现，而且可以提供一个坚实的框架，使任何变化与价值分析都能考虑在内。
2. 理解环境：公共领域不能孤立地进行设计，它本质上是项目边界内外目的地之间的连接空间。本章提出如何结合对现有环境不同方面的分析，从而为设计过程提供依据。
3. 体验的重要性：个人体验可以说是在照明设计中获得舒适感最有效的方法。本章考虑了如何获取体验并与利益相关者和决策者共享体验。
4. 拥抱技术：设计师面临的最大挑战之一是如何以及何时采用新技术——太早则设备不可靠，太迟则旧技术可能已经过时。本章说明了新技术如何能被项目所采用，在建议各种方法和技术时为客户选择适合的方案。

本章的每个部分都提供了许多案例研究，讨论了如何收集证据以为将来的项目提供依据，或如何将其集成到设计决策和批准过程中。从最初的概念设计阶段，到全尺寸模型和现场调试，案例研究以批判的眼光展示了最终实施与原始设计意图的吻合程度，以及公众及其主要利益相关者对项目的接受程度。

本章还深入探讨了如何通过对面向未来方案的抽象成果进行批判性回顾和萃取，以及对共同性知识体系的建立，从而为如何“闭环”提供深入的了解。照明后的观察或证据利用了多种方式获得，从经过校准的变更前后的高动态范围摄影，到与项目参与者的采访，以及简单的“之前”和“之后”的照片对比。

1

设计构想

作为设计师，我们的目标是审视每个单独的项目，从一开始就制定有力且清晰的照明设计愿景、策略或概念，从而能够在晚上改变城市环境。作为照明设计师，我们具有独特的能力来协调夜间的感知，并积极影响人们如何看待和使用空间。

这一部分简要概述了三个案例研究及其总体照明设计策略，并探讨了这些项目的经验如何继续为从业者的设计过程提供依据。案例研究的目的是分享这种经验并提供证据以在设计过程中支持其他照明设计师。案例研究强调了在“连接”“重新发现中心”和“非空间”这些更广泛的主题下，照明设计如何适应并改善其城市空间性质的重要性。

格兰杰戈曼校区
都柏林——连接

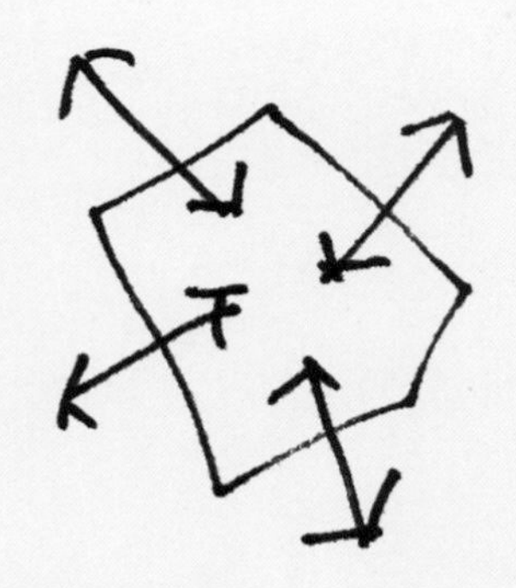

图7.1 格兰杰戈曼校区——连接

该案例研究是将以前是精神病医院的地方改造为都柏林理工学院（Dublin Institute of Technology）的校区。从概念设计到详细设计阶段，我们与开发机构、总体规划设计师和景观设计师紧密合作。这个位于都柏林北侧占地35公顷的场地被高大的石墙与城市肌理相分离。总体规划的原则是通过一条主要街道，即圣布伦丹路（St Brendan's Way）和蜿蜒的蛇形步道（Serpentine Walk）与场地重新连接，同时加上景观化的“绿手指”（green finger）环路，这些都是照明设计策略的关键要素（图7.1）。

照明总体规划中提出了照明的层级结构，在灯具的高度和照明的强度方面遵循了城市设计的原则。更多的照明层次得以创建，以探索项目“内”或“外”的含义，以及如何使用光来体现（图7.2）。周围

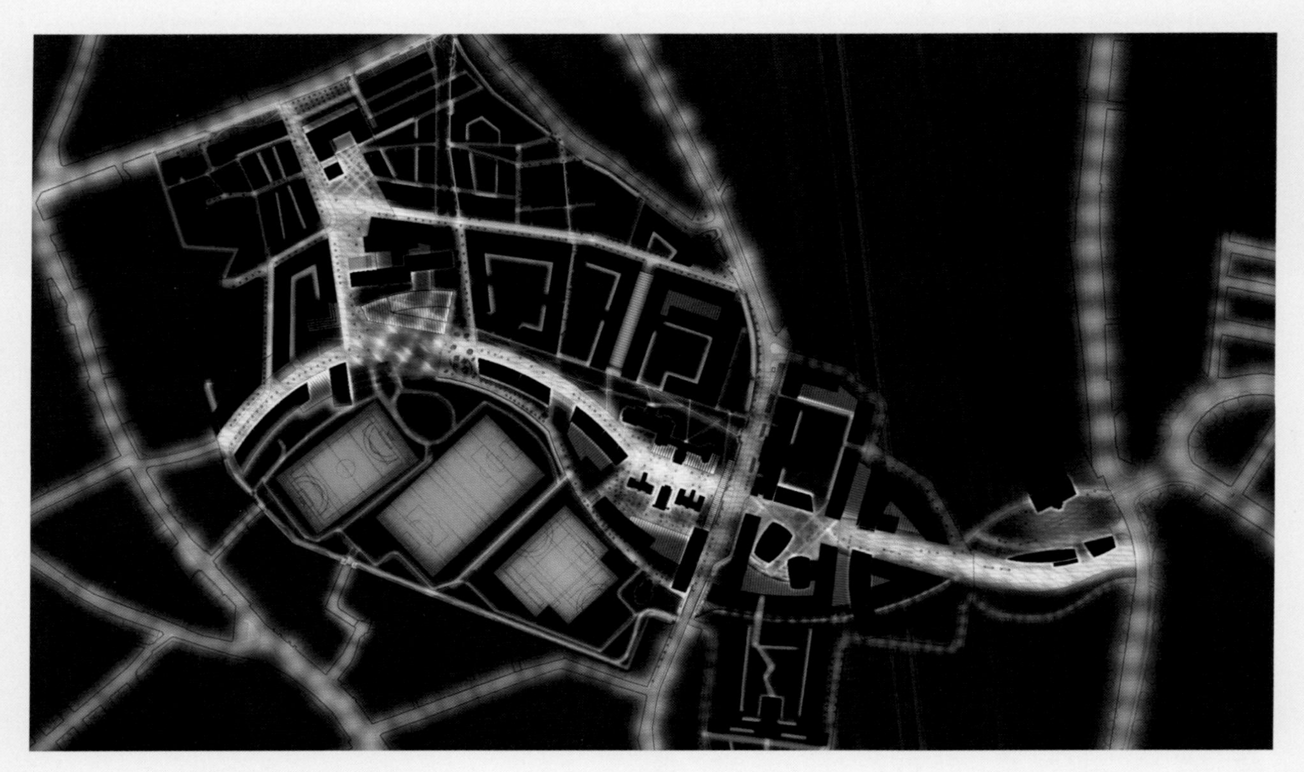

图7.2 格兰杰戈曼校区——照明总体规划图

图7.3 格兰杰戈曼校区一期学生中心视图

高大的石墙进一步体现了这一概念，从物理上界定了前医院所在地的边界；其中一部分会在重要的位置打开，以提供更好的通透性。

格兰杰戈曼校区（Grangegorman Campus）项目的第一期是学生中心（图7.3）；其中包括原有的石质建筑和新造的建筑群，加上几何铺路图案和照明的规划，以提供一个公共环境平台，而学生中心将在视觉上与之相连接。这个概念包含将整个广场柔和地照亮，并利用该项目中最高的灯杆作为信号表明这是一个重要的中心，但与此同时也照亮面向广场的建筑立面，以营造出一种围合感。这种对入口、方庭和墙洞等所有建筑元素内表面进行照明的概念，被用以创造出一种精心设计的明暗平衡。

整个项目中使用了一个概念——“内”与“外”——意味着学生中心的详细设计是在明确的方向下创造性地进行。这个概念被用作设计决策的一个关键点，同时也是概念接受的试金石。如果从一开始就没有这种明确的意图和总体现场照明概念的传达，那么设计可能会专注于建筑细节本身，很容易失去总体设计的方向。

莱斯特广场
伦敦——重新发现中心

通过与负责伦敦莱斯特广场（Leicester Square）花园（2012年）照明与城市设计更新的首席设计师紧密合作，本项目团队旨在为夜间环境注入新的活力。一项预设计分析表明，尽管中央花园和空间在白天被广泛利用，但在晚上却空无一人，而且非常黑暗，与周围明亮的剧院和娱乐场所立面形成鲜明对比。特别是在白天作为广场核心的莎士比亚雕像在晚上却被置于黑暗之中，从而导致广场视觉焦点的缺失。同样，极少可以坐下的机会对于鼓励行人互动或享受空间几乎起不到任何作用。这两个问题通过对景观的重新设计都得到了解决（图7.4）。在《城市：重新发现市中心》（*City: Rediscovering the Center*）一书中，

图7.5　莱斯特广场，喷泉视图（2015年）

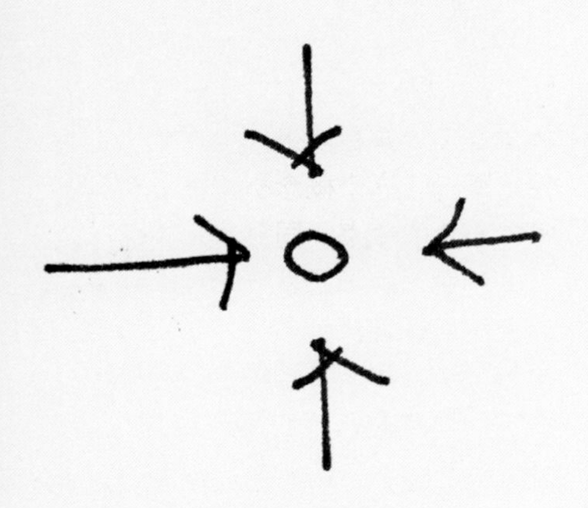

图7.4　莱斯特广场——重新发现中心

威廉·H. 怀特（William H. Whyte）对街道生活、行人行为和城市动态进行了研究，研究结果是对城市环境的一种显而易见的看法，但对于其设计者而言却似乎是看不见的。[1]例如，怀特找到了导致公共场所失败的非常简单的原因："台阶太陡，门太难开，窗台不能坐……"用莱斯特广场来进行比较：通过发现先前的方案在社会方面的失败，从而使所提出的设计能够通过照亮莱斯特广场的中心焦点——莎士比亚雕像，以及提供充足的座位来弥补这些缺陷（图7.5）。仅仅通过照亮中央雕塑和长凳，同时为通道提供更好的照明，重新设计后的分析就显示出空间的使用分布更加均匀，并且活动模式也得到了改善。

康德大街桥
柏林——非空间

我们一生中越来越多的时间花在过渡空间里——或像法国人类学家马克·奥格（Marc Augé）所说的"非空间"里——以被动和局部的方式改变了人们对城市的感知。[2]照明可以用来改善这些空间的体验，而这样做的机会恰恰是该设计工作室参加柏林市发起的"灯光+艺术"竞赛的动机。其中面临的挑战是为西柏林现有的许多铁路桥梁设计照明概念（图7.6）。

该工作室与艺术家汉斯·彼得·库恩（Hans Peter Kuhn）合作，在最初的现场踏勘中发现桥梁本身的深色钢结构非常容易反射周围的光线。库恩谈道："这座桥有一个非常明确的箱形结构，在我看来，最好强调一下。"这座桥为穿过其下的道路提供了功能性照明，但除此之外很暗，仅仅是供人们通行的地方（图7.7）。而且，这些地方越是"被遗忘"，就会变得越肮脏，就像奥格

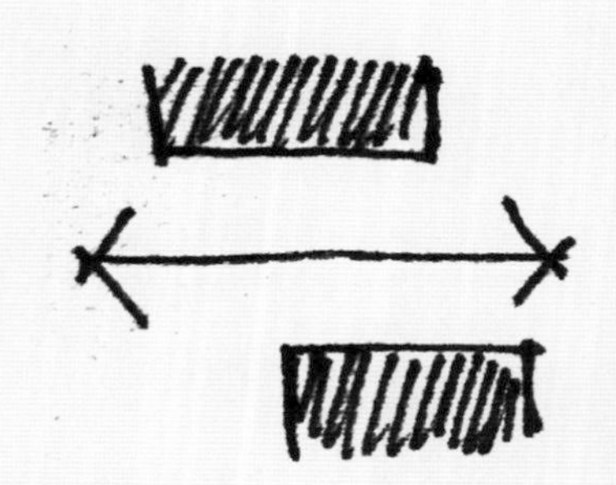

图7.6　康德大街桥——非空间

图7.7　康德大街桥，改造前（2012年）

图7.8　康德大街桥，改造后（2015年）

所说的“非空间”，在那里人们并没有真正注意到周围的环境。

库恩和该照明设计工作室是竞赛的三名获奖者之一，且最终获得了康德大街桥（Kantstrasse Bridge）的设计权，并于2015年实施。这座桥位于柏林西部一个繁忙的市区内，周围有剧院、超市和一些餐馆。设计团队认为，利用暖白光的趣味性分布，可以巧妙地解决周围环境的问题（图7.8）。

这个在康德大街上的照明装置是柏林西部三座“灯光+艺术”桥梁装置之一，所有这些项目都被认为改善了桥下城市空间的性质。[3]特别是一位当地企业的主席，其公司已承诺赞助这个装置未来10年的设备维护和运行成本，对此谈道：

> 铁路桥梁照明极大地改善了生活质量，也促进了这些区域的安全和清洁。
>
> **克劳斯-尤尔根·迈耶**
>
> （Klaus-Jürgen Meier），AG City公司主席

清晰的设计概念和愿景使艰难的价值工程决策成为可能，同时实现设计的影响力。将照明设备的数量减少一半是必要的，团队为最终效果和初始概念都没有被牺牲而感到高兴。一个更为高效的照明解决方案得以实现。

总结

制定一个与场地环境直接相关且清晰、简单而强大的设计概念，是使照明方案免于承受项目成本和价值工程压力的最佳方法。对空间的性质和用途有了清晰的了解——连接空间，新空间或只是“非空间”——这也有助于设计师做出更好的决策。强大的照明概念的重要性对于设计过程不可或缺。简而言之，设计方案和概念越适合其城市环境以及场地需求和特征，解决方案将越成功。

2

环境至关重要

光是一种相对的媒介，这意味着我们的眼睛具有快速适应周围环境的强大能力。我们对夜间照明环境的感知完全受相对环境的影响，因此在对空间进行照明设计时应考虑到这一点。对于照明实施前后空间的了解和研究，其方法学是设计过程的关键要素，也是一种收集照明影响证据的方法。

在开始设计之前，重要的是将环境放在首位：考察其空间结构、空间用途、人们聚集和穿过的空间，同时研究其照明水平。对于故意破坏、维护保养及犯罪等问题的特点，应该与地方政府和利益相关者进行讨论，以便在考虑技术细节时清楚当地的情况，例如灯具的选择。

莱斯特广场
伦敦——理解环境

这种理解空间的方法是进行莱斯特广场设计的关键部分。对该空间的研究始于2004年，之后才开始设计，随即在2015年进行改造。为了进行比较，使用了相同的分析方法来发现空间的变化方式、人们如何以不同的方式与空间互动，以及这些与照明设计的关系。

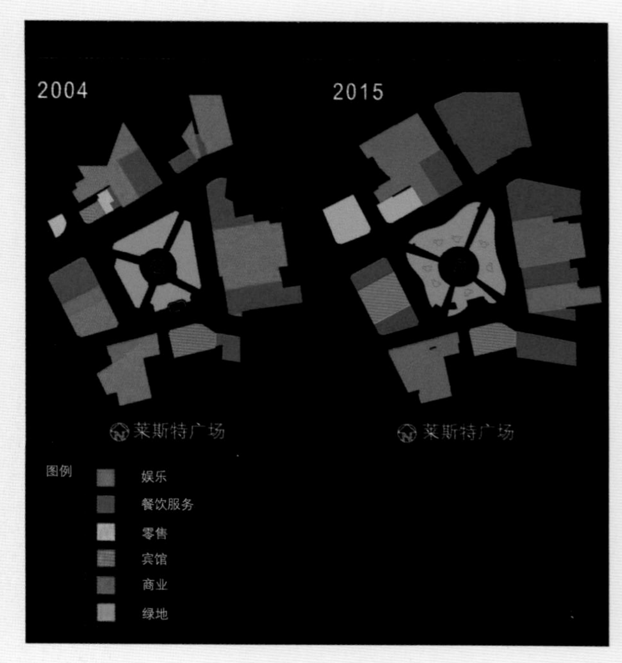

图7.9　2004年和2015年莱斯特广场的计划空间利用情况

计划

环境研究的第一要素是记录空间利用计划，并确定其如何为设计过程提供依据（图7.9）。莱斯特广场以其电影院、餐厅和夜总会而闻名，建筑立面为原本古典的设计提供了一个非常多彩的背景。了解了这一点后，设计团队便能够根据其风格或偏好进行补充或对比。该团队提出了一个巧妙的方案，对繁杂的背景建筑进行补充，而不是与之竞争（图7.10，图7.11）。

水平照度

对现有照明水平（尽可能包括水平和垂直照度）进行合规性调查可以成为设计人员的有力工具，以确立自己的参考框架，并在技术科学和视觉体验之间建立联系。简单的概况研究可以形成照明设计方案的基准，并用于与用户和利益相关者讨论现有的问题和关切。例如在2004年对莱斯特广场的调查中，可以发现照明水平与行人的使用方式直接相关，特别明显的是广场的南侧比北侧更暗。重新设计能够解决这个问题，在夜间可以更好地利用这条路线（图7.12）。

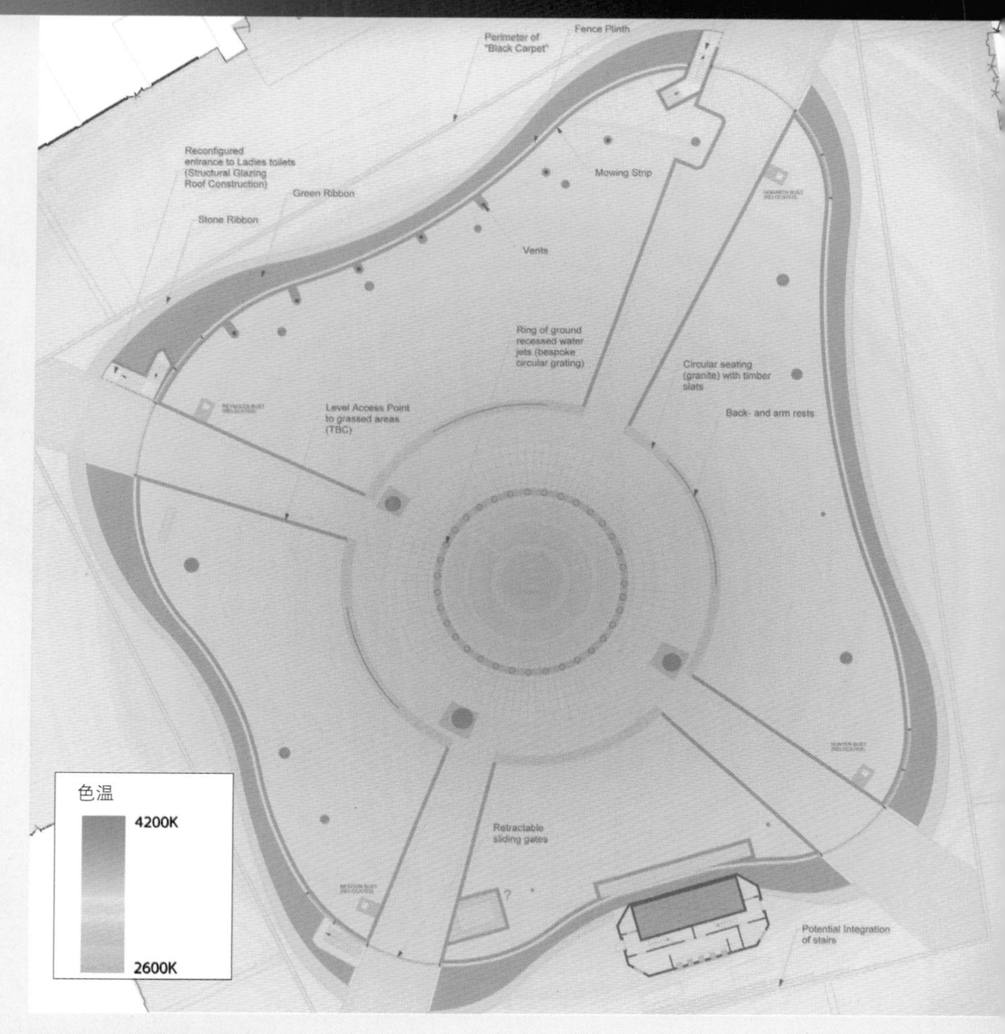

图7.10　莱斯特广场照明色温

图7.11　莱斯特广场照明策略——剖面

使用方式

在一个简短的观察性研究中，通过记录空间中行人通常的使用和移动情况，研究人员对人们如何使用这个空间，以及人们如何在该空间中移动进行了分析。其结果提供了很多有用的信息，表明广场在2004年白天和夜间的使用模式差别很大。

在2004年，白天有很多人会聚集在莎士比亚的中央雕像旁，坐在其周围的长椅上。但是到了晚上，这个区域变得空荡荡的。此外，之前广场的南侧在夜间并未得到充分利用。

2015年进行的再次评估表明，广场夜间的使用情况发生了显著变化，特别是在中央广场和南部环线的使用方面，由于引入了长椅并改善了一般照明，改变非常明显（图7.13）。

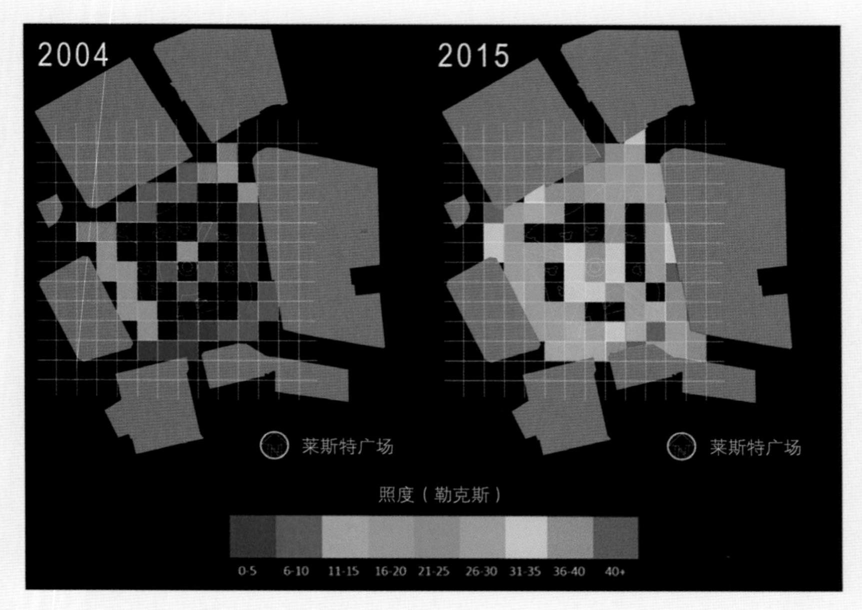

图7.12　2004年和2015年莱斯特广场的水平照度水平

亮度/视觉亮度

研究建筑物立面相对亮度的方法有很多，但是后来该工作室发现HDR（高动态范围）摄影可以使我们快速获得空间最全面的概况，因为它同时显示了水平照度和垂直表面的相对亮度（亮度）。亮度计可以用来读取立面上某个点上的亮度（图7.12）。如图7.14所示，在考虑空间是如何被体验时，“三维”的图像更全面且提供的信息量更大。

在分析方案的影响时，将HDR摄影用作记录空间体验的工具非常有用。

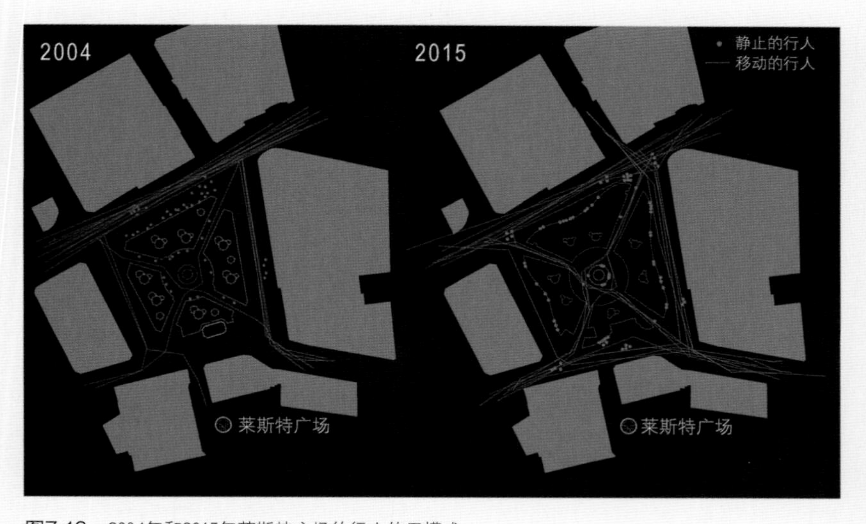

图7.13　2004年和2015年莱斯特广场的行人使用模式

图7.14 高动态范围影像显示项目安装完成后的亮度平衡

总结

通过了解空间周围的视觉环境，设计人员可以更好地为城市特色量身定制照明解决方案。基本上而言，这有助于避免场地周围出现过度照明或照明不足的区域，或避免与视野内的建筑物立面产生视觉上的竞争。通过对环境更好的理解，可以使空间使用或体验方式的改善成为可能。同样重要的是，在寻求照明方案获得批准时，特别是当方案对规范形成挑战时，与相关的城市或地方政府进行讨论在所难免，研究和记录空间环境的过程可以对此提供支持。

在莱斯特广场的环境中，项目安装完成后的调查有助于证明，如果采用深思熟虑而且平衡的方法，照明可以影响并改善那些未被充分利用的空间的使用。通过照亮中央雕像、更均匀地照亮道路以及将照明整合到长凳上等策略，公共空间在夜间的使用可以被极大地改变。项目改造的结果为广场带来了新的活力，这个愿望的实现可以认为是巨大的成功。

3

规范不能取代体验

当设计希望获得一个轻松愉快的夜间环境时，仅满足规范并不能创造出一种体验，或者至少不能带来积极的体验。同样，完全忽略设计规范也可能导致无法提供所需的结果。为了理解如何以及何时才有可能偏离常规的方法，首先了解设计标准从何而来将会有所帮助。早期的研究着眼于传统的街道照明，在地面水平上提供光，主要着眼于道路使用者的需求。对于预计会有更多人流的城市中心，这种需求被定义为需要更高的光分布均匀性，以便在面部水平上获得更好的照明。随着时间的推移，我们对光以及人类如何与光相互作用的理解不断发展，但是照明的标准和规范并没有跟上步伐。只有那些理解标准情况与期望实现之间微妙关系的照明设计师，才最适合处理如走钢丝般的方案审批流程，从非常规的照明概念，到最终实现设计的意图。

公共空间要获得批准有时可能会充满挑战。对于那些负责场地安全的人来说，缺乏类似安装或设计方法经验的情况并不少见。对于这些类型的项目，特别重要的是建立一种策略，以早日获得相关各方的批准——在批准的流程中，拥有大量证据，或展示、证明概念的方法可能是非常重要的。

无论展示多少计算结果、视觉案例或传闻例证，没有什么比个人体验更能有力地传达设计意图。没有多少客户甚至设计团队成员对夜间不同类型的公共领域项目具有丰富的经验，更不用说在技术优势上了。照明设计团队可以按照三个明确的过程阶段，去帮助传播这些知识，以赢得决策者的信心，并实现预期的结果：

1. 概念设计阶段：夜游/探访，以直接体验不同的空间；
2. 深化设计/施工前：建模、模拟和打样，以全尺寸或按比例缩小的模型来展示或验证性能；
3. 施工后：照明安装的调试。

每个项目都有其优势，有些项目可能需要两个或更多的步骤才能获得并保持决策者的信心。但是，重要的一点是要确保在整个过程中都能吸引整个团队和利益相关者，而不要将设计解决方案作为既成事实。总之，设计越具有挑战性，就应该越早开始这一过程。

概念设计阶段：夜游

夜游通常是在英国皇家建筑师学会（RIBA）制定的设计第一或第二阶段进行，虽然很容易安排，但是非常有效。夜游的基本形式包括城市照明空间、不同照明风格以及体验的导览。这一过程的价值是通过照明设计师引发辩论并讨论观察、印象和感受而获得——无论是正面的还是负面的。

这个过程为团队内部的未来讨论建立了共同的参考框架，从而能够对利益相关者和决策者赋权，尤其是那些不熟悉照明术语的人。夜行是与团队建立融洽关系的机会，以鼓励所有的学科和利益相关者参与设计的夜间工作，使他们可以充分考虑他们希望项目完成后的感觉。对于照明设计师来说，这本身就是一个重要的简报点。其中的关键是要进行讨论，同时要带上光度计（可能的话要有照度和亮度），这样这些利益相关者就可以将看到的和体验到的归结到某个数字，并提出诸如“那不算太暗”“那太亮”或“我希望它看起来……”之类的描述。

伦敦2012
奥林匹克公园——共享经验

作为奥林匹克交付管理局（Olympic Delivery Authority，ODA）的照明设计顾问，Speirs+Major照明设计事务所在2012年伦敦奥运会的工作中充分利用了夜游策略。在制定奥林匹克公园的照明策略时，照明设计顾问带领奥林匹克交付管理局的利益相关者走访了伦敦的公园和公共环境空间，并使用照度计建立了照明分类框架，供各个设计师在整个公园中使用。夜游使这些利益相关者能够建立起不同照明水平、分布、对比和环境的共同经验，并直接了解空间的体验和感觉。如果结合知识丰富的指南，对术语和空间及体验的技术性测量（照度、亮度等）进行解释，夜行过程就可以为利益相关者相互理解和沟通提供参考框架。关于为什么在正确的视觉环境中5～10勒克斯比30或50勒克斯感觉更明亮和更舒适的讨论，在现实世界中比在理论上进行解释要容易得多。

使用源自经验的共同参考框架，可以使非常规的照明策略容易被认可和接受。Speirs+Major团队所进行的工作减少了设计团队在制定和提出其照明策略时面临的挑战。例如，在制定奥林匹克公园内人行天桥的策略时，奥雅纳工程顾问公司就可以借鉴奥林匹克交付管理局的夜游经验，以更好地沟通建议的照明概念，并讨论不同照明方法的优点。

深化设计/施工前：建模和模拟

虽然照明计算可以帮助反映所提出设计的理论性能，但数字通常具有欺骗性，特别是在仅仅追求符合规范要求时。软件目前还无法传达空间的感觉或用户的感知。非常规的照明概念通常需要一种强有力的方法，来证明照明设施是足够的。通过从基本原理出发来进行设计，我们就可以提出逻辑策略的大纲。但是，对于具有挑战性的概念，还是需要做到眼见为实。

该工作室还发现，选择要访问的区域或项目，然后在手头的项目中引用这些区域会非常有用。例如对于格兰杰戈曼校区，整个设计和客户团队都进行了夜间的自行车之旅，而且都被问到一个问题："这是我们为圣布伦丹路建议的照明水平——你们感觉如何?"对于那些考虑使用特定照明设备进行照明的区域，现场探访也非常有用，这样不仅可以节约大量时间，而且可以避免可能会令人失望的最终照明结果。

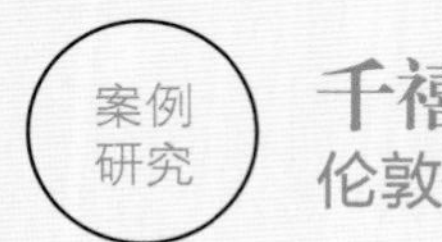

千禧桥
伦敦——“光之刃”

图7.15　千禧桥——“光之刃”

关于成功使用深化设计、施工前建模和模拟的一个例子是千禧桥（Millennium Bridge）的照明。桥的结构源于建筑师的构想，其独特的薄型轮廓可以对城市的全景一览无余并保持其视线。这种轻巧的设计旨在使桥梁在夜间发出柔和的光芒，如“光之刃”般横跨在河面上（图7.15）。

项目所面临的挑战是如何在不妨碍视线的情况下提供符合规范要求的照明性能——如果要实现设计意图，所需要的安装位置可能无法满足英国标准（British Standard）的传统规范。设计师所采取的方法满足了人行通道照明的关键指标：能够提供足够的光线以看清路上的危险；能够提供充足的光线以看清桥上其他行人的面部（沿桥中心线的垂直照明）；并能够在栏杆上方进行观赏而不会对视线造成干扰，或引起视觉上的不舒适。

在照明计算的支持下（图7.16），设计师用合乎逻辑的方式向审批部门（伦敦市和南华克区）提出了这个策略。该策略将重点放在提供面部水平的垂直照明上（沿中心线的垂直照度为10勒克斯），这种情况下水平照明将会绰绰有余，从而获得了批准。

这并不是说对新设计方法的接受是无条件的。但是，在合适的软件建模支持下，用循证的方法来提供照明可以使设计能够放心地交付实施。该策略通过全尺寸模型进行了进一步的验证，使审批部门可以直接体验这个方案，并在最终提交施工方案前对这一策略充满信心。

图7.16　千禧桥：使用Radiance软件渲染和计算以验证方案性能

伦敦2012
奥林匹克公园桥——为后续而设计

图7.17　伦敦2012奥林匹克公园桥——为后续而设计

在被委托为奥林匹克公园（现为伊丽莎白女王奥林匹克公园）人行桥进行设计时，该工作室采用了类似的流程。该项目面临的挑战是要完成一个公园（位于四个城市航道上），以便在奥运会期间每天可接待约25万名游客，但在奥运会后将变成一个晚上通常只有几百名游客的情况。整个设计需要优先考虑的事项是后续的使用，同时也能支持一个夏季的大型活动（图7.17）。

这个项目的设计意图与千禧桥类似——使用非连续的桥梁集成照明解决方案为桥面提供照明：

图7.18　奥林匹克公园人行桥——初始概念

- 为所有的桥梁使用者提供舒适且安全的照明；
- 桥梁从远处可见，以便其位置可以作为公园内的航路点；
- 防止光线溢出到河谷内或将其控制在最少，以维持城市中的暗航道，减少对生态的影响；
- 晚上在桥面上可以一览无余地观赏公园的景色；
- 照明集成到桥梁结构中，以避免增加视觉混乱，减少对公园内景观的遮挡。

图7.19　奥林匹克公园人行桥——软件模型测试和性能验证

仅从立柱上照亮整个10米宽的桥面以达到建议的照明等级是不切实际的，这引起了有关视障者对桥梁体验的担忧。通过与无障碍咨询小组的讨论，我们制定了照明策略以达成以下目标：

- 沿护栏扶手提供一条人行道宽度的路线，其上具有良好的照明水平和最小的视觉对比度；
- 整个桥上提供良好的漫反射垂直照明，以有助于面部识别。

图7.20　奥林匹克公园人行桥——全尺寸模型和性能测试

总体上而言，当时市场上的大多数产品都不能同时满足这两个标准——要么是配光或照度不足以满足周边照明要求，要么会使弱视用户感觉不舒适或损害视力。弱视用户的需求是一个特别重要的考虑因素，因为该公园还承办了2012年残奥会。

照明所采用的策略是将解决方案分为两个部分：一部分是带棱镜

的指向性照明，为桥面周边提供清晰的寻路和明亮的路线；另一部分是用于垂直照明的漫射组件，以有助于在桥面中央识别人脸（图7.18）。

深化过程是一个迭代的循环，其中包括大量的软件建模概念（图7.19）以及组件和材料的模型，用以建立对照明解决方案的理解和信心。接下来是在一个灯具中对各组合部件进行全尺寸的模拟（图7.20）。

当对所提出的解决方案感到满意后，设计团队便在现场的一个模拟装置内建造并安装了三个样品，以验证交付的性能，并评估外观和视觉舒适度，然后通知产品设计进行最终修改。

在得到设计团队的批准后，有关的奥林匹克交付管理局利益相关者都参观了该模拟装置，其中包括无障碍咨询小组成员中的视障人士和使用轮椅的人士。最终的设计得到该小组的一致好评，他们认为沿周边均匀分布的光线确实有助于导航，而且易于在地面上发现障碍物。

总结

对于千禧桥和奥林匹克公园的人行桥，成功的关键很显然是从早期就将决策者和利益相关者考虑在内，鼓励那些最终负责的人充分参与创意过程，并在成果中感受到自己的投入。尽管设计人员总是对提案充满信心，但客户和无障碍行动小组最初并不一定会同样对待。只有通过一个过程去引导这些利益相关者，才有可能真正地传达照明的体验，并证明解决方案的适用性。

该项目的策略是将投资重点放在公园的后续用途上，同时在奥运会期间提供具有成本效益的临时性解决方案，这为设计提供了清晰的愿景。在该场地变为伊丽莎白女王奥林匹克公园后，对该项目的回访证明了多年前在设计过程中所做的决定是正确的。

施工后调试

尽管通常在项目后期，调试都会比较匆忙而被忽视，但实际上这是按早期设想实现照明设计的最后机会。对于审批部门在设计阶段就犹豫不决的照明策略，这通常也是商讨最终照明水平和布置的机会，尤其是对于那些没有类似安装案例或无法进行模拟的大型装置。

从战略上而言，应该考虑采用适当的照明控制和可调光或可调方向的灯具，虽然这种方法就物理设备的尺寸、位置和规格而言最不灵活。但是，这样做可以使设计师能够通过调整需要重点强调的位置，或决定在实际上是否以及何时需要使用照明，从而对空间的环境进行精确地调节和塑造。

布拉德福德城市公园

布拉德福德——重新定义空间

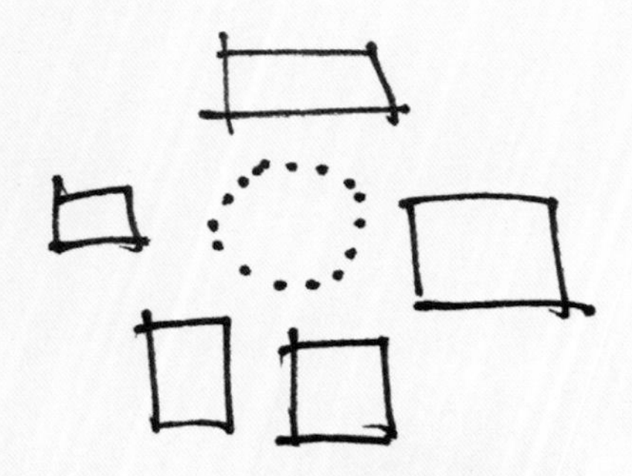

图7.21　布拉德福德城市公园——重新定义空间

在布拉德福德城市公园（Bradford City Park）的调试中，这种精确调节的策略非常有效（图7.21）。出于对安全性的担忧，地方政府对照明没有覆盖水景区域的提案心存疑虑，这个直径80米的区域被认为是公共空间中的一个黑洞。作为设计师，我们对此充满信心，因为水景在使用时，100个外围喷泉和中央被称为“布拉德福德冲击波”（Bradford Blast）的30米高喷泉的照明就足够了（图7.26）；任何其他照明都会分散人们的注意力。同样，当水被排干时，行人会被良好照明的周边路线所吸引而沿其行进；对于那些希望直接穿过广场中心的人来说，设计师相信环境光足以满足他们的需求。但是大家一致认为，堤道本身的使用是处于半排空状态，因此需要严格聚焦的照明解决方案。图7.22至图7.25显示了不同的水景特征配置和相应的照明方法。

图7.22　布拉德福德城市公园的运行模式：水景（镜面水池和喷泉）

图7.23　布拉德福德城市公园的运行模式：堤道（部分被喷泉排干）

图7.24　布拉德福德城市公园的运行模式：空池（重要活动）

图7.25　布拉德福德城市公园的运行模式：空池（互动艺术装置和平时的晚上）

图7.26 布拉德福德城市公园——镜面水池和水景

公园的功能性照明仅有助于形成其他特色的背景。低层级的照明元素，例如木栈道的边界照明和树木的泛光照明，有助于提供垂直层次的光和空间的景深。然而，这一公众参与的空间在晚上的成功之处在于互动灯光喷泉与激光投影的结合，对它们的控制是作为英国Umbrellium设计公司所创作的公共艺术装置“另一个生命”的一部分。[4]“另一个生命”被认为是一个集成到公园基础设施中的操作系统，以匿名方式跟踪空间中的人员和活动，然后与喷泉和通用照明控制系统对接，以创造出刻意的微妙互动体验。在白天，“另一个生命”有时会控制喷泉的运行，并持续到夜间控制水景的动态照明。其结果是那些休闲的通勤者有时可能会发现喷泉会绕着水池周边跟随他们的行程，或与人们以其他的方式互动。当水池排干水时，碗状的池子变成4个RGB激光的投影面，鼓励公众参与并与光互动，系统会对人做出反应。最终是每一天都会有不同的照明体验。

通过采用可编程照明控制，并让地方政府的工程师参与到调试过程中，我们可以证明所提出的控制策略能够在水景循环的不同阶段提供足够的照明，并为这个艺术装置提供可供管理的黑暗度。

城市公园内的照明受到了公众的好评。整个空间被认可的成功已超出了客户（布拉德福德大区议会）的期望，该空间不仅已经成功地增加了用户的多样性，现在更能代表整个布拉德福德。

2014年，也就是在城市公园开放了两年之后，布拉德福德大学的应用社会研究中心注意到该场地在轻松愉快的氛围中接待了各种社会群体，于是在该场地进行了一项研究，以更好地了解公众如何使用公园，以及他们对空间的体验和感知。[5]

尽管该研究并未直接询问该空间在夜间的照明情况，但所报告的评论是积极的（它本身在与城市照明相关方面是成功的，因为照明通常只有在实施不善的情况下才会被注意到）。特别值得一提的是水景、喷泉和照明与传统建筑和照明相结合的方式。该研究观察到："许多人白天喜欢这个公园的活力，晚上则欣赏该空间的雄伟气质。"[6]

该研究继续得出结论，大区议会和公众都了解到公园不仅促进了城市的经济发展，而且产生了明显的社会影响。公园已成为一个包容性的公共空间，在社区和游客中都广受欢迎，这也提升了布拉德福德的信心。尽管从这项研究中获得的积极信息并不是照明干预的直接结果，但这个空间在晚上为布拉德福德人所喜爱，这一事实可以作为一种成功整合的衡量标准，将功能、建筑、特色及互动照明作为一个整体。

拥抱技术

客户和设计师通常都非常热衷于采用新技术——要么拥有最新的款式和功能，要么就是独一无二的。技术通常是从其他市场转移过来的，例如室内或娱乐照明等其他与建筑相关的使用（诸如建筑照明控制系统、聚束射灯或图案投影灯之类）。有时这些技术更具颠覆性，例如发光二极管（LED）的引入，不仅改变了所使用的照明技术，而且从根本上变革了照明设计的实现方式以及公众在夜间对城市空间的体验。

在室外环境中，设计人员应注意如何实施新技术。这并不是说不使用新技术；而是相反，请接受它——只是需要适当的谨慎。

LED重大变革

早期采用技术却不能兑现承诺的例子有很多，特别是在室外环境中使用LED的情况下。这些第一代产品受到部分失效或早期故障的困扰，包括受潮/进水以及随时间推移出现的色差。

这些挑战中的大多数现在已经众所周知。但是作为设计师，我们应该重视那些对供应链的要求。LED的使用让设计师在如何应用照明方面变得更有创造力。光源的小型化意味着设计师可以摆脱常规的灯和体积庞大的反射器等传统外形因素的限制。

案例研究

国王十字广场

伦敦——拥抱技术

斯坦顿·威廉姆斯（Stanton Williams）设计的国王十字广场（King's Cross Square）就是这种方法的一个很好的例子，其照明设计由StudioFractal负责。与行人流量大的所有大型空间一样，该项目所面临的挑战是如何为大面积的区域提供照明，使其不仅可以与建筑环境保持一致，而且还能创造出一个宜人的照明环境。照明设计师的解决方案利用了三根20米高的定制化灯杆所提供的照明（图7.27，图7.28）。

图7.27　国王十字广场鸟瞰

每根灯杆上都装有一系列可以单独调焦的LED灯具，以提供部分重叠的照明分布，对低水平的照明部分进行补充。高低水平的照明组合在地面上刻意形成起伏的垂直和水平照明，以营造一种更自然的感觉——而且提供不同的照明水平以适应不同的活动（行人交通路线上的照明多一些，座位区域的照明少一些）。大量的光源不仅可以使照明对广场的环境做出反应，而且还可以形成清新的形象。广场上还引入了“闪光”的元素，但不会引起视觉上的不适。

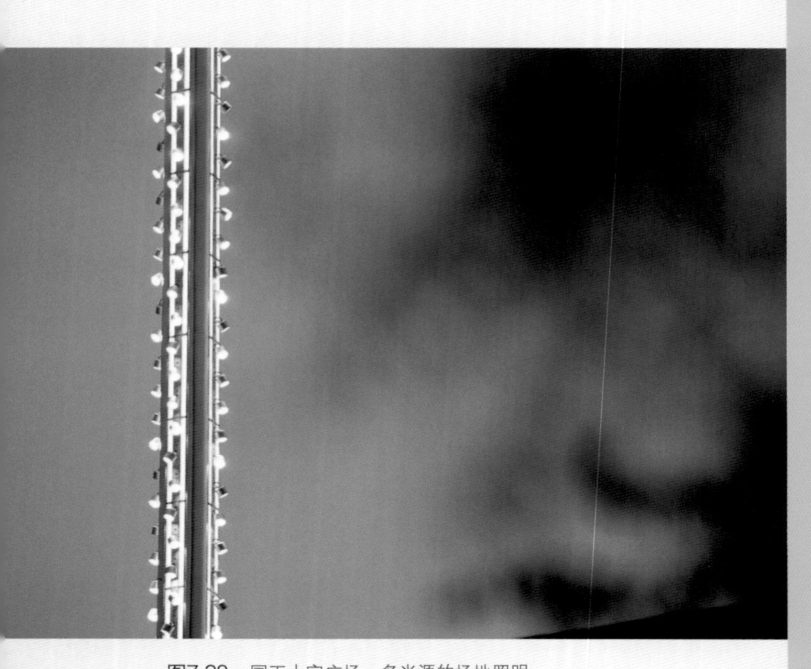

图7.28　国王十字广场：多光源的场地照明

照明控制

从常规的放电灯，到在公共领域几乎普遍使用的LED，这种转变也为更好地控制光提供了机会。曾经是室内空间或舞台所专属的照明控制技术，在室外正变得越来越普遍。

相比于LED，将照明控制引入公共领域可以说是对设计师在考虑室外照明方式上更为重大的改变。传统上而言，公共领域的照明很少考虑人类在24小时内与空间的互动方式，通常只提供两种场景：白天和晚上。单一的夜间场景并不代表夜间使用的不同阶段或“阴影”，使其为城市环境所欢迎。照明控制可以提供改变空间形象的机会，能够响应不同的用途并创造更好的体验。

中央管理系统（CMS）作为资产管理，越来越受到地方政府的欢迎。该系统具有远程监控传统路灯安装状况的能力，可以实现按时间表远程操作或调节照明。其关注的重点在于系统的可靠性。中央管理系统的使用可以且应该允许设计师去策划夜间形象，以根据使用情况改变照明的数量和空间的外观。

但是，控制通信的速度目前尚不适于对用户进行实时响应或动态照明效果同步，如颜色变化；这些功能更多的是由DMX控制技术所提供，经常可在娱乐场所中看到。在公共领域内使用动态照明确实可以提供影响空间体验方式的机会，要么通过互动装置向空间使用者提供即时反馈，要么通过那些更为微妙的时序变化作品，旨在随着时间的推移与空间发生关系（日/周/月）。

内维尔街
利兹——"非空间"

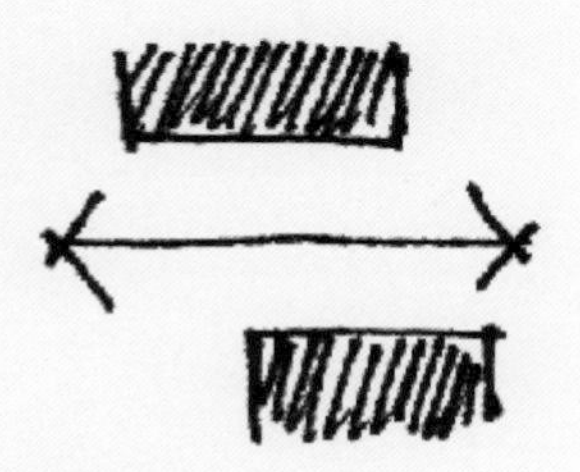

图7.29 利兹的内维尔街——"非空间"

新技术或产品的成功集成需要谨慎的实施。例如，汉斯·彼得·库恩于2009年在英国利兹（Leeds）的内维尔街（Neville Street）完成的装置"光与声的转变"（图7.29）。

内维尔街是通往利兹市中心的主要车辆通行干线，直接经过该市火车站的站台下。这条街每天接待约25000名通勤者，他们往返于城市南侧的办公室，这一行程在2009年之前曾经是黑暗、嘈杂且不那么令人愉快的。

该项目要求包括通过减少低频声音、改善照明和整合声光艺术品来提升行人的环境。

这个照明装置由大约17500根亚克力棒组成，分布在沿着隧道的其中一面墙上，有3000个LED像素点隐藏其中（图7.30）。像素按一系列的线性排列，每天按随机生成的

图7.30 内维尔街的"光与声的转变"

模式点亮约20%的LED像素点。这些模式通过算法生成，因此在装置的20年安装寿命中都不会产生重复。

这个项目是较早期的大型LED装置之一，因此面临着许多挑战：

- 隧道虽然没有直接暴露于风雨下，但由于上方铁轨的径流而潮湿，并因汽车的尾气而变脏；
- 为了将设备集成到隔声板中，需要开发定制的灯具，因此该产品没有经过试用和测试；
- 为了达到上述目的，照明控制单元需要一个基于服务器的系统，其安装环境不太理想，无法经常或便利地访问。

多年来，设计创作人员一直与装置保持联系，定期进行非正式访问，以监控其性能并发现潜在问题。在项目完成八年后，我们再次回访了该装置，并对其良好的性能感到高兴，特别是考虑到连续运行情况。

与许多成功的艺术装置一样，这看似简单的背后隐藏了技术上复杂的基础结构。装置的成功不仅与照明控制水平和艺术内容相关，而且还涉及其安装的恶劣环境，处于积极经营的铁路基础设施上。项目完成八年后，该装置仍然运行良好。其艺术意图和系统韧性意味着每两次维护之间出现的大部分故障都不会严重损害体验。

该项目的照明和技术策略所取得的成功不仅体现在装置的耐用性上，而且还体现在公众与环境的互动方式上。虽然内维尔街并不是人们聚集或居住的目的地，但这种“连接空间”可以分别或同时支持车辆与行人的通行，满足用户的需求。在白天，深色的内表面与日光充足的空间形成鲜明的对比，与库恩的声音艺术装置相得益彰，而在夜间，被照亮的人行道成为通往城市的迷人门户。

由于临近道路和铁路交通，这个空间还是比较嘈杂，但声音装置和照明相互补充，为行人带来了令人愉快的消遣。这个装置并不显眼，不熟悉的行人不一定都能立即看出来，但是那些经常往来的人会注意到每天的体验变化。这个空间因此成为一个社交话题。该装置创造了一个对行人更友好的通道，将城市的南部与市中心连接起来。这个隧道/桥梁现在被通勤的人们认为是一个可以体验而不是需要忍受的通道。

闭环

作为设计师，只有重新审视和体验自己的详细设计，才能充分理解项目过程中的设计考虑与现实世界中的实际结果之间的关系。本章探讨了在整个项目生命周期中可以采取的步骤，以提供并收集证据来指导和验证设计师的流程，从而为实现设计的理想成果提供最佳机会。这些步骤包括去探索以下内容：

- 设计构想：对所代表的空间类型形成清晰的了解，无论是连通空间还是通行通道，无论其本身就是潜在的目的地，还是仅仅是需要振兴的“非空间”。提供强有力的陈述作为设计框架，以提供一个清晰的度量标准，可用来衡量设计决策，包括判断方案是否成功。
- 理解环境：通过调查和考虑现有的环境方案（照度、使用方式和视觉亮度），设计团队不仅可以更好地了解场地，而且可以客观地评估可能的设计解决方案，以确保在项目中尽早做出正确的设计决策。但是，如果在项目完成后花时间进行再次研究，则设计师可以从中获得更大的价值。通过这项额外的工作，可以更好地了解、量化和展示照明的力量，同时为未来项目提供令人信服的观点和理解。
- 体验的重要性：在缺乏对设计环境的了解和个人/集体体验的情况下，盲目遵循技术标准，可能难以获得一个好的照明方案。对于不同类型的夜间空间和照明环境，使设计团队获得集体性体验，不仅可以极大地缓解设计开发过程的压力，而且可以明显减少专业设计团队与利益相关者之间沟通的困难。同样，通过模拟、打样和最终完成后的调试来体现设计意图，可以使设计师和利益相关者在施工过程中都能适应和调整照明设计，从而获得更好的照明效果。
- 拥抱技术：积极采用新的技术，以设计标准为起点，而不是担心不符合设计指南，则可能会取得最佳的效果。通过回顾以前的项目，最终得出的主要结论非常明确：与其城市环境相关的强大、简单且独特的照明概念对于取得成功至关重要，与团队的良好沟通也有助于整个项目的进行。项目完成后的评估访问应以客观而非怀旧的心态进行，这对结果的评价至关重要。只有确保我们完成学习周期，并且在反馈循环中运用从一系列项目中学到的东西，才能推动对如何应用光的知识和理解向前发展。

总结

技术不是解决所有问题的方法，而且我们也不应仅因为技术可用而应用。只有在平衡潜在利益与失败风险以及由此带来的影响之后，才能做出将新解决方案纳入新项目的决定。

耐用性和可靠性通常是使用新技术的最大顾虑和障碍，尤其是对于负责照明设备长期维护的利益相关者而言。在室外环境中提出新的照明解决方案之前，设计师应确保以下内容：

- 产品的坚固性和耐用性与打算安装的场所相适应。与室内设施相比，室外设施暴露于恶劣天气下，通常较少进行预防性维护。一般只有在发生故障后设施问题才能得到解决。
- 主要设备部件在之后多年内都能提供。公共领域设施的预期寿命比室内应用长得多，通常为15～25年，而不是5～10年。将来是否能够采购到备品备件，这对于设施的长期质量至关重要。
- 方案带来的效果不会使系统操作过于复杂化。在交接照明控制系统时，通常是照明设计师/承包商掌握该系统的知识，而不是实际操作人员，这种情况非常普遍。这样导致的结果是系统通常只能在最初的几年中运行良好，等到需要维护或调整的时候就会出现问题。照明控制系统的复杂性可能会导致随后的使用放弃照明控制策略，从而造成照明方案的功能或品质下降，特别是在使用专有的唯一供应商设备的情况下。

- 负责照明设施维护和操作的组织/团队已购买了建议使用的设备和系统。对于那些被认为难以维护或维护费用高昂的设备和技术，如果认识不到该技术可以带来更多好处，这些设备将无法充分利用并可能很快被淘汰。

尽管存在上述挑战，但谨慎地使用新技术可以使照明设计师在设计过程中更具创新性和创意性，从而能够对空间进行更好地照明，使空间具有更强的适应性。

学习重点

1 设计不是一个开环的过程。

2 设计愿景：为每个项目建立清晰的设计愿景，使其在整个项目中便于传达和引用。

3 环境至关重要：对每一个独特的城市环境的理解越透彻，照明设计概念和夜间城市环境品质就越成功。

4 合规不能取代体验：仅仅追求合规不会带来充满活力的公共领域项目，而应在与直接体验之间取得平衡。

5 拥抱技术：对采用新技术持开放态度，但对于何时以及如何采用该技术要适当地谨慎。

6 闭环：对完成后项目的回访不是一次而是长期，以严格评估哪些有效和哪些无效。安装完成后从各利益相关者、民众和设计团队的其他成员处寻求反馈。

后记

公共照明是视觉环境的领导力量——决定我们如何使用城市以及如何感知城市。本书介绍了在为市民的日常生活设计照明时所面临的一些问题。考虑到城市方法和邻里概念，以及控制大型城市的困难，本书突出了创造积极、包容的夜间环境的价值。

通过规划照明来支持我们城市的愿景和政策以及市民的需求，这一点至关重要。我们需要对城市规划和照明环境采取更为系统的多学科方法，以应对不断发展的夜间活动。在过去的三十年中，城市照明一直在实践，并确定会进化为一种更全面的夜间城市规划形式。尽管新的手段和方法层出不穷，但它们必须建立在循证设计和规划的基础上。

为了产生积极的社会影响，现代公共照明的规划和设计必须采取一种整体性方法，以处理与之相关的许多复杂的方面。照明不仅是安全、保障和活动的问题。它还是创造个性和增强城市宜居性的重要工具。

随着LED灯具、互联性和智能材料等新技术的出现，我们正处于照明设计历史上最重大的转变之中。使用本书中所讨论的学术与实践知识，可以为更系统化的循证方法创造机会。循证设计不仅适用于大型项目，而且可以也应该用于任何照明场景，以研究和评估特定的结果。这里所提供的指导不仅有助于说明什么有效，还有助于说明它为什么有效，以及它为什么如此重要。

术语表

以下照明术语的定义摘自BS EN 12665：2011：光与照明：规定照明要求的基本术语和标准。[1]请注意，该列表包括本书中未使用的一些定义，同时对于某些术语给出了附加的或替代的定义。

Absence factor（F_A）缺席系数

表示空间空闲时间比例的因子。

Absorptance吸收率

被物体吸收的光通量与入射到物体上的光通量之比。

Accommodation适应

调节晶状体的屈光能力，将给定距离外的物体图像聚焦在视网膜上，或是调节眼睛晶状体的屈光能力，将物体的图像聚焦在视网膜上。

Acuity敏锐度

参见“视觉敏锐度”（visual acuity）。

Annual operating time（t_o）年度运行时间

灯每年工作的小时数（单位：小时）。

Atmospheric luminance（L_{atm}）大气亮度

由于大气中的散射而产生的光幕，以亮度表示（单位：cd·m^{-2}）。

Average illuminance（$\bar{E}$）平均照度

在特定表面上的照度平均值（单位：lx）。

Average luminance（L）平均亮度

在特定表面或立体角上的亮度平均值（单位：cd·m^{-2}）。

Background area背景区域

工作场所中与周边区域相邻的区域。

Ballast镇流器

连接在电源和一个或多个放电灯之间的设备，主要用于将灯的电流限制在所需的值。

Ballast lumen factor（$F_{Ballast}$）镇流器流明系数

参考灯与特定镇流器一起工作时发出的光通量与同一灯与参考镇流器一起工作时发出的光通量之比。

Brightness亮度

视觉的属性，根据该属性，某个区域看上去发出更多或更少的光

注：该术语的英文“Brightness”已不再使用，现在该术语的英文为“Luminosity”。

Brightness contrast亮度对比

对同时或连续看到的两个或多个表面之间的亮度差异的主观评价。

Built-in luminaire内置灯具

安装在建筑物或设备中以提供照明的固定式灯具。

Carriageway车道

车辆通常使用的部分道路。

Chromaticity色度

颜色刺激的属性，由色度坐标或其主波长或互补波长和纯度共同定义

另请参见英国标准CIE 15:2004（CIE，2004b）。

Chromaticity coordinates色度坐标

一组3个的三色刺激值中的每个值与其和之比。

CIE 1974 general colour rendering index（R_a）CIE 1974一般显色指数

一组特定的8个测试颜色样本的CIE 1974特殊显色指数的平均值，或是旨在确定光源照明下的对象具有的预期颜色相比于参考光源照明下的颜色程度的值。

注：R_a源自特定的8组测试颜色样本的显色指数。R_a的最大值为100，通常在光源和参考光源的光谱分布基本相同时发生。

Circuit luminous efficacy of a source（c）光源的电路发光效率

光源发出的光通量与光源和相关电路所消耗功率的商（单位：lm·W^{-1}）。

Cold spot冷点

灯表面温度最低的点。

Colorimeter比色计

用于测量比色量（例如颜色刺激的三色刺激值）的仪器。

Colour contrast颜色对比

同时或连续看到的两个或多个表面之间的颜色差异的主观评价。

Colour rendering显色性

通过有意识或无意识地与在参考光源下的颜色外观相比较，得出的光源对物体颜色外观的影响。出于设计目的，显色性要求应规定使用通用显色指数，而且R_a应采用以下值之一：20、40、60、80、90。

Colour rendering index显色指数
参见“CIE 1974一般显色指数”（CIE 1974 general colour rendering index）。

Colour stimulus颜色刺激
可见辐射进入眼睛并产生彩色或非彩色的颜色感觉。

Colour temperature（T_c）色温
普朗克辐射体的温度，其辐射与给定的刺激具有相同的色度（单位：K）。
注：倒数色温也有使用，单位：K^{-1}。

Constant illuminance factor（F_C）恒定照度系数
给定时间内的平均输入功率与灯具初始安装功率之比。

Contrast对比
1. 从感知意义上而言：一个视野中同时或连续看到的两个或多个部分的外观差异（因此有亮度对比、明度对比、色彩对比、同时对比、连续对比等）；
2. 从物理意义上而言：旨在与感知到的亮度对比建立相关性的量，通常由多个公式之一来定义，涉及所考虑刺激的多个亮度。例如：在亮度阈值附近时采用$\Delta L/L$，或亮度比阈值高得多时采用L_1/L_2。

Contrast revealing coefficient（q_c）对比显现系数
路面亮度（L）与该点处的垂直照度（Ev）之间的商（单位：$cd \cdot m^{-2} \cdot lx^{-1}$）
$q_c = L/Ev$。
其中：q_c是对比显现系数；L是该点的路面亮度；Ev是该点的垂直照度。

Control gear控制装置
控制灯的电气操作所需的组件。

Correction factor校正系数
将特定光度数据表上显示的灯具数据修改为类似灯具数据的系数。

Correlated colour temperature（T_{cp}）相关色温
普朗克辐射体的温度，在相同的亮度和特定的观看条件下，其被感知到的颜色与给定刺激的颜色最相似（单位：K）。
注：1. 计算刺激的相关色温，推荐的方法是在色度图上确定普朗克轨迹与约定的等温线相交的点所对应的温度，该等温线包含代表该刺激的点（请参见CIE Pubication 15；CIE，2004b）。2. 只要相关色温合适，就使用倒数相关色温，而不是倒数色温。

Critical flicker frequency临界闪烁频率
参见“闪烁频率”（fusion frequency）。

Curfew宵禁
运用更严格要求（用于控制干扰光）的时间段。
注：通常是由政府控制机构（通常是地方政府）运用的照明使用条件。

Cut-off截光
为了减少眩光而用于从直接视域内隐藏灯和高亮度表面的技术。
注：在公共照明中，分为完全截光灯具、半截光灯具和非截光灯具。

Cut-off angle（of a luminaire）（灯具的）截光角
垂直轴与看不见灯和高亮度表面的第一条视线之间的角度，从最低点开始测量[单位：度（°）]。

Cylindrical illuminance（at a point, for a direction）（E_z）（在一点上，对于一个方向的）柱面照度
在特定点上的一个很小的圆柱体，落在其曲面上的总光通量除以该曲面面积（单位：lx）。

Daylight日光
总体太阳辐射的可见部分。

Daylight dependency factor（F_D）日光依赖因子
在开发空间中日光的节省潜力方面，控制系统或控制策略达到的效率水平。

Daylight factor（D或D_F）日光系数
给定平面上的某点处，由于直接或间接从假定或已知亮度分布的天空接收到的光而获得的照度，与天空半球不受遮挡的条件下在水平面上获得的照度之比，不包括直射阳光对两种照度的影响。
注：1. 包括玻璃、污垢等影响；
2. 在计算室内照明时，需要单独考虑直射阳光的影响。

Daylight time usage（t_D）夏令时使用
夏令时的年度运行时间，以小时为单位（单位：小时）。

Daylight screens/daylight louvres遮光屏/百叶窗
传输（部分）环境日光的设备。

Diffuse sky radiation漫射天空辐射
由于被空气分子、气溶胶颗粒、云颗粒或其他颗粒散射而到达地球的那部分太阳辐射。

Diffused lighting漫射照明
工作平面或物体上的光不是主要从特定方向入射的照明。

Direct lighting直接照明
通过具有发光强度分布的灯具进行照明，以使直接到达工作面（假定为无限大）的出射光通量的比例为90%～100%。

Direct solar radiation直接太阳辐射
作为准直光束的外层太阳辐射，在被大气选择性衰减后到达地球表面的那部分。

Directional lighting定向照明
工作面或物体上的光线主要从特定方向入射的照明。

Disability glare失能眩光
损害对物体视觉的眩光，不一定会引起不适感；失能眩光可由直射光或反射光引起。

Discomfort glare不舒适眩光
引起不适感的眩光，不一定会损害对物体的视觉；不舒适眩光可由直射光或反射光引起。

Display screen equipment显示屏设备
无论采用何种显示过程的字母数字或图形显示屏。
注：有时用缩写DSE表示。

Diversity（亮度、照度）（U_d）（最大均匀度）差异度
表面上的最小照度（亮度）与最大照度（亮度）之比。
另请参见“均匀度”（uniformity）。

Downward light output ratio（of a luminaire）（R_{DLO}）（灯具的）下射光输出比
在特定的实际条件下，使用自带的灯和设备所测得的灯具下射光通量，与同样条件下这些灯在使用同样设备的灯具外工作时所测得的各个光通量总和之比。

Efficacy功效
参见“光源的发光功效”（luminous efficacy of a source）。

Emergency escape lighting应急逃生照明
应急照明的一部分，为人们在撤离场地或试图终止潜在危险过程之前提供能见度的照明。

Emergency lamp flux应急灯光通量
在应急模式的额定持续时间内观察到的灯的最低光通量（单位：lm）。
ϕPEL = ϕLD × FEBallast
其中ϕPEL是实际的应急灯的光通量，以流明表示；ϕLD是在100小时的初始照明设计流明；FEBallast是应急镇流器流明系数。

Emergency lane（hard shoulder）应急车道（硬路肩）
平行于行车道的车道，仅适用于紧急和/或抛锚的车辆。

Emergency lighting应急照明
普通照明供电故障时所使用的照明。

Emergency lighting charge time（t_{em}）应急照明充电时间
应急照明电池充电的工作时间（单位：小时）。

Emergency lighting charging power（P_{ei}）应急照明充电功率
应急灯具不工作时，向其充电电路输入的功率（单位：W）。

Energy consumption used for illumination（$W_{L,t}$）照明能耗
灯具运行时在时段t内所消耗的能量，以实现建筑内照明功能和目的（单位：kW·h）。

Equivalent veiling luminance（for disability glare or veiling reflections）（L_{ve}）等效光幕亮度（用于失能眩光或光幕反射）
通过叠加在所适应的背景和物体的亮度上所增加的亮度，在以下两个条件下使亮度阈值或亮度差阈值相同的亮度：（1）存在眩光，但没有附加亮度；（2）存在附加亮度，但没有眩光（单位：$cd \cdot m^{-2}$）。

Escape route lighting逃生路线照明
应急逃生照明的一部分，以确保在该场所有人时可以有效地识别逃生途径并安全使用。

Externally illuminated safety sign外部照明的安全标志
需要时由外部光源照亮的安全标志。

Extreme uniformity最大均匀度
参见“差异度”（diversity）。

Flicker闪烁
亮度或光谱分布随时间波动的光刺激引起的视觉不稳定感。

Flicker frequency闪烁频率
刺激交替发生的频率，在此频率之上无法察觉闪烁（单位：Hz）。

Floodlighting泛光照明
对场景或物体的照明，通常通过投光灯，以显著提高其相对于周围环境的照度。

Flux通量
参见“光通量”（luminous flux）、“额定灯光通量”（rated lamp luminous flux）。

General colour rendering index一般显色指数
参见“CIE 1974一般显色指数”（CIE 1974 general colour rendering index）。

General lighting一般照明
一个区域内基本均匀的照明，不提供特殊的局部需求。

Glare眩光
由于不合适的亮度分布或范围，或极高的对比度而导致不适，或观看细节或物体的能力下降的视觉状态；参见“失能眩光”（disability glare）和“不舒适眩光”（discomfort glare）。

Glare rating limit（R_{GL}）眩光等级限制
CIE眩光评价系统的眩光上限。

Global solar radiation总体太阳辐射
直接太阳辐射与漫射天空辐射的总和。

Grid points for measurement and calculation用于测量和计算的网格点
计算和测量点的排列及其在参考表面或平面的每个维度中的数量。

Hemispherical illuminance（at a point）（E_{hs}）（在某个点上的）半球照度
落在特定点上的非常小的半球曲面上的总

光通量与半球曲面面积的商（单位：lx）。

High-risk task area lighting高风险工作区照明
应急逃生照明的一部分，为处于潜在危险过程或状况中的人员提供能见度的照明，并有助于安全地终止活动。

Illuminance（at a point of a surface）（E）（在表面某个点上的）照度
入射到包含该点的表面单元上的光通量dϕ与该单元面积dA的商（单位：lx = lm·m^{-2}）。

Illuminance meter照度计
测量照度的仪器。

Immediate surrounding area紧邻区域
参见“周边区域”（surrounding area）。

Indirect lighting间接照明
通过具有发光强度分布的灯具进行照明，以使直接到达工作面（假定为无限大）的出射光通量的比例为0～10%。

Initial average luminance（L_i）初始平均亮度
新设施的平均亮度（单位：cd·m^{-2}）。

Initial illuminance（$\overline{E}_i$）初始照度
新设施在特定表面上的平均照度（单位：lx）。

Initial luminous flux初始光通量
参见“额定光通量”（rated luminous flux）。

Installed loading安装负荷
（室内和室外区域的）单位面积或（道路照明的）单位长度的照明设施安装功率，单位为W·m^{-2}（对于区域）或kW·km^{-1}（对于道路照明）。

Integral lighting system（of a machine）（机器的）整体照明系统
由光源、灯具以及相关的机械和电气控制设备所组成的照明系统，其作为机器的永久部分，旨在为机器内和/或机器上提供照明。

Intensity强度
参见“发光强度”（luminous intensity）。

Intensity distribution强度分布
参见“发光强度分布”（luminous intensity distribution）。

Lamp灯
为了产生光辐射而制作的光源，通常是可见光。
注：该英文术语（lamp）有时也用于某些照明装置类型。

Lamp code灯代码
标识灯类型的字母和数字的任意组合。

Lamp dimensions灯尺寸
与灯具相关的灯的所有尺寸。

Lamp lumen maintenance factor（FLLM）灯流明维持率
灯在寿命期内给定时间上的光通量与初始光通量之比。
注：有时用缩写LLMF表示。

Lamp luminous flux灯光通量
参见“额定光通量”（rated luminous flux）。

Lamp wattage灯功率
参见“标称灯功率”（nominal lamp wattage）。

Life of lighting installation照明设施寿命
由于不可恢复的衰退，设施无法恢复以满足所需性能的时间。

Light centre光中心
用作光度测量和计算的原点。

Light loss factor光损失系数
参见“维护系数”（maintenance factor）。

Light output ratio（of a luminaire）（R_{LO}）（灯具的）光输出比
在特定的实际条件下，使用自带的灯和设备所测得的灯具总光通量，与同样条件下这些灯在使用同样设备的灯具外工作时所测得的各个光通量总和之比。

Light output ratio working（of a luminaire）（R_{LOW}）（灯具的）光输出比工作
在特定的实际条件下，使用自带的灯和设备所测得的灯具总光通量，与参考条件下这些灯在使用参考镇流器的灯具外工作时所测得的各个光通量总和之比。

Light source光源
参见“源”（source）。

Light source colour光源颜色
光源的颜色可以通过其相关色温来表示。

Lighting Energy Numeric Indicator（L_{ENI}）照明能源数字指示器
用于表示照明系统每年每平方米使用的能源总量的数字指示器。

Loading负荷
参见“安装负荷”（installed loading）。

Local lighting局部照明
用于特定视觉任务的照明，是对一般照明的补充并与之分开控制。

Localised lighting局部化照明
设计用于在某些特定位置（例如进行工作的位置）以较高照度照亮一个区域的照明。

Longitudinal uniformity（of road surface luminance of a carriageway）（U_l）（车道路面亮度的）纵向均匀度
在行驶车道中心线上的最小和最大路面亮度之比。

Louvres百叶窗
参见“遮光屏”（daylight screens）。

Luminaire灯具
将一个或多个灯所发出的光进行分配、过滤或转换的一种装置，该装置除灯本身外，还包括固定和保护灯所必需的所有部件，必要时还包括电路辅助设备以及将其连接到电源的装置。

Luminaire code灯具代码
标识灯具类型的字母和数字的任意组合。

Luminaire luminous efficacy（l）灯具发光功效
灯具发出的光通量与灯及其相关电路所消耗的功率的商（单位：$lm \cdot W^{-1}$）。

Luminaire maintenance factor（F_{LM}）灯具维护系数
在给定时间上灯具的光输出与初始光输出之比。
注：有时用缩写LMF表示。

Luminaire parasitic energy consumption（WP，t）灯具寄生能耗
灯具在不工作时，灯具应急照明充电电路加上处于待机状态的灯具控制系统在t时段内消耗的寄生能量（单位：$kW \cdot h$）。

Luminaire parasitic power（Ppi）灯具寄生功率
应急照明灯具的充电电路所消耗的输入功率以及在灯不工作时灯具中用于自动控制的待机功率（单位：W）。
Ppi = Pci + Pei
其中Ppi是在灯关闭的情况下灯具所消耗的灯具寄生功率，以瓦特表示；Pci是仅在灯关闭期间控制的寄生功率，以瓦特表示；Pei是应急照明充电功率，以瓦特表示。

Luminaire power（P_i）灯具功率
灯具或与之关联的灯、控制装置和控制电路所消耗的输入功率，包括在灯具开启时的所有寄生功率（单位：W）。
注：特定灯具的额定灯具功率（P_i）可以从灯具制造商处获得。

Luminance（in a given direction，at a given point of a real or imaginary surface）（L）（在给定方向上，在真实或虚构表面的给定点上的）亮度
由公式所定义的量（单位：$cd \cdot m^{-2} = lm \cdot m^{-2} \cdot sr^{-1}$）。
$L = d_{\phi}/dA \cos\theta \; d\Omega$
其中L是在给定方向或表面给定点的亮度；d_{ϕ}是基本光束通过给定点并在包含给定方向的立体角dA中传播的光通量；dA是包含给定点的光束截面的面积；$d\Omega$是立体角；θ是该截面的法线和光束方向之间的角度。

Luminance contrast亮度对比
旨在与亮度对比建立相关性的光度量，通常由涉及所考虑刺激的亮度的多个方程式之一所定义。
注：亮度对比可以定义为亮度比。
$C_1=L_2/L_1$（通常用于连续刺激）或通过以下方程式定义：
$C_2=L_2-L_1/L_1$（通常用于同时看到的表面）。

Luminance meter亮度计
用于测量亮度的仪器。

Luminosity亮度
参见“亮度”（brightness）。

Luminous efficacy of a source（η）光源发光功效
光源发出的光通量与其消耗的功率的商（单位：$lm \cdot W^{-1}$）。

Luminous environment光环境
考虑到关于其生理和心理影响的照明。

Luminous flux（ϕ）光通量
根据辐射对CIE标准光度观测器的作用来评估辐射，从辐射通量ϕ_e得出的量（单位：lm）。

Luminous intensity（of a source，in a given direction）（I）（光源在给定方向上的）发光强度
离开光源并在包含给定方向的立体角单元$d\Omega$中传播的光通量$d\phi$，与立体角单元的商（单位：$cd = lm \; sr^{-1}$）。
$I = d\phi/d\Omega$
其中，I是在给定方向上的光源发光强度；$d\phi$是离开光源的光通量；$d\Omega$是立体角或所讨论方向上的每单位立体角的光通量，即小表面上的光通量，除以表面在光源上对向的立体角。

Distribution of luminous intensity（of a source）（光源在空间上的）发光强度分布（Spatial）
通过曲线或表格显示作为空间方向的函数的光源的发光强度值，或作为空间方向的函数的光源（灯或灯具）的发光强度。

Maintained illuminance（$\bar{E}_m$）维持照度
最低平均照度（单位：lx）。

Maintained luminance（Lm）维持亮度
最小平均亮度（单位：$cd \cdot m^{-2}$）。

Maintenance factor（Light loss factor）维护系数（光损失系数）（已淘汰）
照明设施使用一定时间后在工作面上的平均照度与在相同条件下获得的初始平均照度之比。

Maintenance schedule维护计划
一套指定维护周期和维修程序的说明。

Maximum illuminance（E_{max}）最大照度
特定表面上任何相关点的最高照度（单位：lx）。

Maximum luminance（L_{max}）最大亮度
特定表面上任何相关点的最高亮度（单位：$cd \cdot m^{-2}$）。

Measurement field (of a photometer) (光度计的)测量场
包括向探测器的接收区域辐射的物体空间中所有点的区域。

Minimum illuminance (E_{min}) 最低照度
特定表面上任何相关点的最低照度(单位:lx)。

Minimum luminance (L_{min}) 最小亮度
特定表面上任何相关点的最低亮度(单位:cd·m^{-2})。

Minimum value emergency factor (F_{min}) 最小值应急影响因素
应急时变影响因素的最坏情况。

Mixed traffic混合交通
由机动车、骑自行车的人和行人等组成的交通。

Motor traffic (motorised traffic) 机动车交通(机动化交通)
仅由机动车组成的交通。

Nominal lamp wattage (W_{lamp}) 标称灯功率
用于指定或识别灯的近似瓦数(单位:W)。

Non-daylight time usage (t_N) 非夏令时使用
非夏令时的年度运行时间(单位:小时)。

Obtrusive light干扰光
溢出光,其在给定环境中由于数量、方向或光谱的特性而引起厌烦、不舒适、注意力分散或察觉基本信息能力下降。

Occupancy dependency factor (F_o) 占用依赖性因子
表示占用空间和需要照明的时间比例的因子。

Open area lighting (anti-panic lighting) 开放区域照明(防恐慌照明)
应急逃生照明的一部分,以避免恐慌并提供照明,使人们可以看到通往逃生路线的路径。

Operating time (t) 运行时间
能源消耗的时间段(单位:小时)。
另请参见"年度运行时间"(annual operating time)。

Parasitic energy consumption寄生能耗
参见"灯具寄生能耗"(luminaire parasitic energy consumption)。

Parasitic power寄生功率
参见"灯具寄生功率"(luminaire parasitic power)。

Parasitic power of the controls (with the lamps off) (P_{ci}) (灯关闭时)控制的寄生功率
在灯不工作期间,灯具控制系统的寄生输入功率(单位:W)。

Performance性能
参见"视觉性能"(visual performance)。

Photometer光度计
测量光度数量的仪器。

Photometric observer光度观察者
参见"光通量"(luminous flux)。

Photometry光度测定
根据给定的光谱发光效率函数评估的辐射量的测量,如$V(\lambda)$或$V'(\lambda)$。

Photopic vision明视觉
参见"光通量"(luminous flux)。

Principal area ($A_{Principal}$) 主要区域
进行某项运动所需的实际使用区域。

Radiant flux辐射通量
参见"光通量"(luminous flux)。

Rated lamp luminous flux额定灯光通量
根据人眼的光谱灵敏度评估辐射而从辐射通量(辐射功率)得出的数量。它是光源发出或表面接收的光能量(单位:lm)。

Rated luminous flux (of a type of lamp) (一种灯的)额定光通量
制造商或负责的销售商声明的给定类型的灯在特定条件下运行时的初始光通量值(单位:lm)。

Reference ballast参考镇流器
特殊类型的镇流器,旨在提供比较标准,用于测试镇流器、选择参考灯以及在标准化条件下测试常规生产的灯。

Reference surface参考面
测量或指定照度的表面。

Reflectance (for incident radiation of given spectral composition, polarisation and geometrical distribution) (ρ) (对于给定光谱组成、偏振和几何分布的入射辐射的)反射率
在给定条件下反射的辐射或光通量与入射通量之比。

Reflections反射
参见"光幕反射"(veiling reflections)。

Reflectometer反射仪
测量与反射有关的量的仪器。

Rooflight天窗
在建筑物的屋顶或水平面上的日光开口。

Room surface maintenance factor (F_{RSM}) 房间表面维护系数
给定时间的房间表面反射率与初始反射率值之比。
注意:有时用缩写RSMF表示。

Safety sign安全标志
通过颜色和几何形状的组合获得一般安全信息的标志,通过添加图形符号或文字可以给出特定的安全信息。

Scene setting operation time (t_s) 场景设定运行时间
场景设置控制的运行时间(单位：小时)。

Scotopic observer暗视观察者
参见“光通量”(luminous flux)。

Screens屏
参见“遮光屏”(daylight screens)。

Semi-cylindrical illuminance (at a point) (E_{sz}) (在某一点上的)半圆柱照度
落在特定点上的非常小的半圆柱曲面上的总光通量与半圆柱曲面的表面积的商(单位：lx)。
注：除非另有说明，否则将半圆柱体的轴视为垂直。应指定曲面的方向。

Semi-direct lighting半直接照明
通过具有发光强度分布的灯具进行照明，以使直接到达假定为无限大的工作面的出射光通量的比例为60%~90%。

Semi-indirect lighting半间接照明
通过具有发光强度分布的灯具进行照明，以使直接到达假定为无限大的工作面的出射光通量的比例为10%~40%。

Shielding angle遮光角
水平面与第一视线之间的角度，从该视线可以直接看到灯具中灯的发光部分(单位：°)。

Skylight天空光
漫射天空辐射的可见部分。

Solar radiation太阳辐射
来自太阳的电磁辐射。
另请参见“直接太阳辐射”(direct solar radiation)和“总体太阳辐射”(global solar radiation)。

Source (light source) 源 (光源)
产生光或其他辐射通量的物体。
注：术语“光源”表示该源主要用于照明和发送信号。

Spacing (in an installation) (在设施中的) 间距
设施中相邻灯具的光中心之间的距离。

Spacing-to-height ratio间距高度比
间距与灯具在参考平面上方的几何中心的高度之比。
注：对于室内照明，参考平面通常是水平工作面；对于室外照明，参考平面通常是地面。

Spectral luminous efficiency光谱发光效率
参见“光通量”(luminous flux)。

Spherical illuminance (at a point) (E_o) (在某一点上的)球面照度
落在特定点上的非常小的球体的整个表面的总光通量除以球体的表面积(单位：lx)。

Spill light (stray light) 溢出光 (杂散光)
照明设施发出的，落在其被设计用于的物业范围之外的光。

Spotlighting聚光灯
旨在显著提高有限区域或物体相对于周围环境的照度的照明，同时将散射光降至最低。

Standard photometric observer标准光度观察者
参见“光通量”(luminous flux)。

Standard year time (t_y) 标准年时间
经过一个标准年的时间，即8760小时。

Standby lighting备用照明
使正常活动能够继续基本不变的那部分应急照明。

Stray light杂散光
参见“溢出光”(spill light)。

Stroboscopic effect频闪效应
当用变化强度的光对物体进行照明时，活动物体的运动和/或外观出现的明显变化。
注：为了获得明显的固定或运动的恒定变化，物体的运动和光强度的变化都必须是周期性的，且在物体运动和光变化频率之间存在某些特定关系。仅当光变化幅度超过某些限制时，该效果才可见。物体的运动可以是旋转或平移。

Sunlight阳光
直接太阳辐射的可见部分。

Surrounding area (immediate surrounding area) 周边区域 (紧邻区域)
在视野内围绕作业区域的地带。

Task area作业区域
进行视觉任务的区域。

Total energy used for lighting (W_t) 照明总能耗
在房间或区域内，处于工作状态的灯具在t时段内消耗的能量，加上当灯不工作时寄生负载所消耗的能量(单位：kW·h)。

Traffic lane车道
旨在容纳一行移动车辆的带状行车道。

Transmittance (for incident radiation of given spectral composition, polarisation and geometrical distribution) (τ) (对于给定光谱成分、偏振和几何分布的入射辐射的)透射率
在给定条件下透射的辐射或光通量与入射通量之比。

Tristimulus values (of a colour stimulus) (颜色刺激的)三色刺激值
在给定的三色系统中，匹配所考虑刺激颜色所需的三种参考颜色刺激量。

Uniformity (luminance, illuminance) (U_o) 均匀度 (亮度、照度)
表面上的最低照度(亮度)与平均照度(亮度)之比。

Upward flux maximum上射光通量最大值
设施内水平面上方的光通量最大可能值，包括直接从装在其安装高度上的灯具所发出的，以及间接地由于空间内被照亮的表面的反射所发出的（单位：lm）。

Upward flux minimum上射光通量最小值
设施内水平面上方的光通量最小可能值（单位：lm）。

Upward flux ratio上射光通量比
所有考虑在内的灯具发出的通过灯具现场安装位置的水平面上方的光通量，加上地面反射光通量，和唯一参考面向天空反射的最小不可减少光通量之比。

Upward light output ratio（of a luminaire）（R_{ULO}）（灯具的）上射光输出比
在特定的实际条件下，使用自带的灯和设备所测得的灯具上射光通量，与在同样条件下这些灯在使用相同设备的灯具外工作时所测得的各个光通量总和之比。

Upward light ratio（R_{UL}）上射光比
当灯具装在其安装高度上时，设施内所有灯具在水平面上方发出的总灯具光通量与所有灯具的总光通量之比。

Useful area（A）有用区域
外墙内的建筑面积，不包括不宜居住的地窖和无照明空间（单位：m^2）。

Utilisation factor（of an installation, for a reference surface）（F_U）（设施参考表面的）利用率
参考面接收的光通量与设施中各个灯的光通量总和之比。

V（λ）correction V（λ）校正
校正探测器的光谱响应以匹配人眼的明视觉光谱灵敏度。

Veiling luminance光幕亮度
参见“等效光幕亮度”（equivalent veiling luminance）。

Veiling reflections光幕反射
出现在观看对象上的镜面反射，由于降低了对比度而部分或完全模糊了细节。

Visual acuity视觉敏锐度
1. 定性：能够看到很小的角度间隔的清晰细节；
2. 定量：多种空间分辨力度量中的任何一种，例如观察者刚刚可以感知为分开的两个相邻对象（点或线或其他特定的刺激）的以角分为单位的角度间隔的倒数。

Visual comfort视觉舒适
视觉环境引起的视觉健康的主观条件。

Visual field视野
在给定位置和方向上眼睛可见的物理空间的面积或范围。

Visual performance视觉性能
视觉系统的性能，例如通过执行视觉任务的速度和准确性来衡量。

Visual task视觉任务
正在进行的活动的视觉元素。
注：主要的视觉元素是建筑物的大小、亮度、与背景的对比及其持续时间。

Work plane（working plane）工作面（工作的平面）
被定义为在其上正常完成工作的平面的参考表面。

Work station工作站
在工作任务规定的条件下，被工作环境包围的工作设备的组合和空间布置。

注释

前言

1. Electricity Council, 'Electricity supply in the UK: A chronology', 1987, www.etk.ee.kth.se/

2. E McFadden, ME Jones, MJ Schoemaker et al, *Lights's Labour's Lost*, International Energy Agency (IEA), Paris, 2006. 'The relationship between obesity and exposure to light at night: Cross-sectional analyses of over 100,000 women in the Breakthrough Generations Study', *American Journal of Epidemiology* 180, 2014, pp 245–50.

3. 'Cost-cutting council "contributed to death of student" by switching off street lights', *The Telegraph*, 25 November 2013.

4. RS Ulrich, C Zimring, X Zhu et al, 'A review of the research literature on evidence-based healthcare design', *HERD: Health Environments Research & Design Journal* 1, 2008, pp 61–125. CW Clipson and RE Johnson, 'Integrated approaches to facilities planning and assessment', *Planning for Higher Education*, 15, 1987, pp 12–22.

5. JR Carpman and MA Grant, *Design That Cares: Planning Health Facilities for Patients and Visitors*, John Wiley & Sons, 2016.

6. G Baird et al, *Building Evaluation Techniques*, McGraw-Hill, New York and London, 1996.

7. C Zimring, 'Postoccupancy evaluation: Issues and implementation', *Handbook of Environmental Psychology* 2002, pp 306–19.

8. DK Hamilton, 'The four levels of evidence-based practice', *Healthcare Design*, 3, 2003, pp 18–26.

9. D Owen, Y Bentley, D Richardson et al, 'Informed Curriculum Design for a Master's-Level Program'.

10. R Upshur 'The status of qualitative research as evidence', in *The Nature of Qualitative Evidence*, JM Morse, JM Swanson and AJ Kuzel (eds), Sage, Thousand Oaks, CA, 2001, pp 5–26.

11. M Eraut, *Developing Professional Knowledge and Competence*, Routledge, Abingdon, 2002.

第1章

1. www.configuringlight.org.

2. J Gehl, *Cities for People*, Island Press, Washington, DC, 2010. J Gehl, *Life Between Buildings: Using Public Space*, Island Press, Washington, DC, 2011 [1980]. J Gehl and B Svarre, *How to Study Public Life*, Island Press/Center for Resource Economics, Washington, DC, 2013.

3. Gehl and Svarre, *How to Study Public Life*, p 27.

4. Ibid, p 1.

5. Ibid, p 9.

6. Ibid, p 3.

7. K Lynch, *The Image of the City*, MIT Press, Cambridge, Mass, 1960 [1975]. K Lynch, T Banerjee and M Southworth, *City Sense and City Design: Writings and Projects of Kevin Lynch*, MIT Press, Cambridge, Mass, c 1990.

8. Lynch, *The Image of the City*, p 4.

9. M Beaumont, *Nightwalking: A Nocturnal History of London Chaucer to Dickens*, Verso, London, 2015. M Beaumont, 'The nightwalker and the nocturnal picaresque', *The Public Domain Review*, 2015.

10. Arup, *Nighttime Design: Guidelines and Case Studies*, 2015. M Major 'London: Light+Dark=Legibility: An approach to urban lighting' in *Cities of Light: Two Centuries of Urban Illumination*, S Isenstadt, D Neumann and MM Petty (eds), Taylor & Francis/Routledge, New York, 2015, pp 152–58.

11. F Addo, 'Hackney riots have crushed the Pembury estate community', *The Guardian*, 9 August 2011

12. F Tonkiss and S Hall (eds), *Local City*, The Cities Programme/London School of Economics, London, 2013.

13. J Entwistle, D Slater, M Sloane, *Hackney Narroway: Social Research Report*, Configuring Light, London School of Economics, London, 2015.

第2章

1. J Gehl, quoted in J Zeunert, *Landscape Architecture and Environmental Sustainability: Creating Positive Change Through Design*, Bloomsbury Visual Arts, London, 2017.

2. See, for example, KM Zielinska-Dabkowska, 'Night in a big city: Light festivals as a creative medium used at night and their impact on the authority, significance and prestige of a city' in *The Role of Cultural Institutions and Events in Marketing of Cities and Region*, T Domański (ed), Lodz University Press, Lodz, 2016. Jon Dawson Associates, *Feature Lighting in Liverpool: An Impact Assessment of the City's Lighting Programme*, a report for Liverpool Vision and Liverpool City Council, 2008. M Liu, BG Zhang, WS Li, XW Guo, XH Pan, 'Measurement and distribution of urban light pollution as day changes to night', *Light Res Technol*, A Irwin, 'The dark side of light: How artificial lighting is harming the natural world', Nature 553 (7688), 2018, pp 268–70. KM Zielinska-Dabkowska, 'Make lighting healthier', *Nature* 553 (7688), 2018, pp 274–76. J Entwistle, M Sloane and D Slater, *Social Research in Design*, Configuring Light, London, 2014.

3. A Ståhle, *Closer Together: This is the Future of Cities*, Document Press, Arsta, 2016.

4. R Narboni, 'Lighting master plans: What then?', *Professional Lighting Design (PLD) Magazine*, 101, 2016, p 46.

5. V Laganier, 'Lyon, France, City of Light: 1989–1999', *Light ZOOM Lumiere*, November 21, 2013

6. M Major, 'London: Light+Dark=Legibility: An approach to urban lighting' in *Cities of Light: Two Centuries of Urban Illumination*, S Isenstadt, D Neumann and MM Petty (eds), Taylor & Francis/Routledge, New York, 2015, pp 152–58.

7. K Lynch, *The Image of the City*, MIT Press, Cambridge MA, 1960.

8. Ibid, p 1.

9. M Major (Speirs+Major founder and principal), in discussion with author, June 27 2017, London, Skype recording.

10. Urban Redevelopment Authority, *The Civic District Lighting Plan Guidebook*, URA, Singapore, 1995.

11. K Mende, + Lighting Planners Associates, *LPA 1990–2015: Tide of Architectural Lighting Design*, Rikuyosha Co Ltd, Tokyo, 2015, pp 246–55, 292–93.

12. M Major (Speirs+Major founder and principal), in discussion with author, 2 August 2017, London, Skype recording.

13. S Adams, 'The Roger Narboni Interview (Part 2)', *Illumni*, 20 December 2013, R Narboni, 'Recent revolutions in lighting master planning', *Proceedings of 2015 PLDC 5th Global Lighting Design Convention in Rome/I*, VIA Verlag, Guetersloh, 2015, pp 16–17.

14. M Anderson-Oliver, 'Cities for People: Jan Gehl', *Assemble Papers*, 13 June 2013

15. K Mende, + Lighting Planners Associates, p 292.

16. Urban Land Institute, *King's Cross Case Study*, ULI, Washington, DC, 2014, p 3.

17. Ibid, p 5.

18. A Matan, P Newman, *People Cities: The Life and Legacy of Jan Gehl*, Island Press, Washington, DC, 2016, p 161.

19. Urban Land Institute, p 13.

20. M Major (Speirs+Major founder and principal), in discussion with author, June 27 2017, London, Skype recording.

21. Ibid.

22. Argent St George, *Principles for a Human City*, Argent St George, London, edn 3, July 2001.

23. Argent St George, *Framework Findings: An Interim Report on the Consultation Response to 'A Framework for Regeneration' at King's Cross Central*, Argent St George, London, June 2003, Foreword.

24. Ibid, p12.

25. M Major (Speirs + Major founder and principal), in discussion with author, June 27 2017, London, Skype recording.

26. Argent St George, Framework Findings: An Interim Report on the Consultation Response to 'A Framework for Regeneration' at King's Cross Central, Argent St George, London, June 2003, pp11-15

27. K Lynch, *The Image of the City*, MIT press, 1960

28. M Major (Speirs + Major founder and principal), in discussion with author, June 27 2017, London, Skype recording.

29. See J Gehl, *Life Between Buildings: Using Public Space*, Van Nostrand Reinhold, New York, 1987, p 47.

30. M Major (Speirs + Major founder and principal), in discussion with author, 2 August 2017, London, Skype recording.

第3章

1. H Leibowitz and D Owens, 'Nighttime driving accidents and selective visual degradation', *Science* 197, 1977, pp 422–23.

2. DA Owens and RA Tyrrell, 'Effects of luminance, blur and age on nighttime visual guidance: A test of the selective degradation hypothesis', *Journal of Experimental Psychology: Applied* 5, 1999, p 115.

3. JK Startzell, DA Owens, LM Mulfinger et al, 'Stair negotiation in older people: A review', *Journal of the American Geriatrics Society* 48, 2000, pp 567–80.

4. TJ Van Den Berg, LR Van Rijn, R Michael et al, 'Straylight effects with aging and lens extraction', *American Journal of Ophthalmology* 144, 2007, pp 358–63.

5. N Davoudian, P Raynham and E Barrett, 'Disability glare: A study in simulated road lighting conditions', *Lighting Research &*

Technology 46, 2014, pp 695–705.

6. Y Akashi, R Muramatsu and S Kanaya, 'Unified glare rating (UGR) and subjective appraisal of discomfort glare', *International Journal of Lighting Research and Technology* 28, 1996, pp 199–206.

7. Y Yang, M Luo and W Huang, 'Assessing glare, part 4: Generic models predicting discomfort glare of light-emitting diodes', *Lighting Research & Technology* 2017: 1477153516684375.

8. M Mainster and G Timberlake, 'Why HID headlights bother older drivers', *British Journal of Ophthalmology* 87, 2003, pp 113–17.

9. T Kimura-Minoda and M Ayama, Evaluation of discomfort glare from color LEDs and its correlation with individual variations in brightness sensitivity. *Color Research & Application* 2011 36, pp 286-294.

10. KS Hickcox, N Narendran, J Bullough, et al., 'Effect of different colored background lighting on LED discomfort glare perception, *Twelfth International Conference on Solid State Lighting and Fourth International Conference on White LEDs and Solid State Lighting*, 2012, pp 464-475. International Society for Optics and Photonics.

11. Yang Y, Luo RM and Huang W. Assessing glare, Part 3: Glare sources having different colours', *Lighting Research & Technology* 50, 2018; pp 596-615.

12. JD Bullough, 'Spectral sensitivity for extrafoveal discomfort glare', *Journal of Modern Optics* 56, 2009; pp 1518-1522.

13. C Pierson, J Wienold and M Bodart, 'Review of Factors Influencing Discomfort Glare Perception from Daylight' *Leukos*, 2018; pp 1-37.

14. YC Huang and T-H Wang, 'Automatic calculation of a new China glare index, Building Simulation & Optimization 2016, Newcastle, UK. September 12-14, 2016

15. N Davoudian and A Mansouri, 'Does street lighting affect pedestrian behaviour at night?', *Proceedings Of Cie 2016 Lighting Quality And Energy Efficiency* 2016, pp 588-595. Cie Central Bureau.

16. P Raynham and C Gardner, Urban Lights: Sustainable Urban Lighting for Town Centre Regeneration. *Reykjavik: Lux Europa*' 2001.

17. Age UK. Later life in the United Kingdom. *London: Age UK*, 2015.

18. P Boyce, 'Lighting for the elderly', *Technology and Disability 15*, 2003; pp 165-180.

19. A Bartmann, W Spijkers and M Hess, 'Street Environment, Driving Speed and Field of Vision' *Vision in Vehicles III*, ed. Ag Gale, 1991, pp 381-389

20. NH Mackworth, 'Visual noise causes tunnel vision', *Psychonomic Science* 3, 1965, pp 67-68.

21. GW Evans, PL Brennan, MA Skorpanich, et al., 'Cognitive mapping and elderly adults: Verbal and location memory for urban landmarks', *Journal of Gerontology* 39, 1984, pp 452-457.

22. RL Davis and BA Therrien, 'Cue color and familiarity in place learning for older adults. *Research in gerontological nursing* 5, 2012, pp 138-148.

23. RL Davis, BA Therrien and BT West, 'Cue conditions and wayfinding in older and younger women', *Research in gerontological nursing* 1, 2008, pp 252-263.

24. S Fotios and J Uttley, 'Illuminance required to detect a pavement obstacle of critical size', *Lighting Research & Technology* 50, 2016, pp 390-404

25. T Wang, '*Visual perception of unevenness in the footway surface*, University College London, London, 2017.

26. C Owsley, 'Aging and vision', *Vision research* 51, 2011; pp 1610-1622.

27. E Patterson, G Bargary and J Barbur, 'Understanding diability glare: light scatter and retinal illuminance as predictors of sensitivity to contrast', *Journal of the Optical Society of America A 32*, 2015, pp 576-585.

28. B Barker, B Brawley, D Burnett, et al., 'Lighting and the visual environment for seniors and the low vision population', *American National Standards Institute and Illuminating Engineering Society of North America*, 2016.

第4章

1. WT O'Dea, *The Social History of Street Lighting*, Routledge and Kegan Paul, London, 1958.

2. S Farrell, J Bannister, J Ditton, E Gilchrist, Questioning the Measurement of the 'Fear of Crime'. British journal of Criminology. 1997;37(4):658-79.

3. D Stevens, 'Public perceptions of security: Reconsidering sociotropic and personal threats', in paper prepared for the annual Elections, Public Opinion and Parties meeting, Oxford, 2012.

4. RP Curiel and S Bishop, 'Modelling the fear of crime', 2017, www.ucl.ac.uk/news/newsarticles/ 0717/120717-fear-crime-maths.

5. K Mansfield and P Raynham, 'Urban lights: Sustainable urban lighting for town centre regeneration', in *Lux Europa, the 10th European Lighting Conference: Lighting for Humans*, Berlin, 2005.

6. EN Morrow and SA Hutton, *The Chicago Alley Lighting Project: Final Evaluation Report*, Illinois Criminal Justice Information Authority, 2000.

7. S Postlethwaite, 'Can "over lighting" increase the fear of crime?', *The Lighting Journal*, Nov–Dec 2003, pp 15–21.

8. AVD Wurff, V Staalduinen and P Stringer, 'Fear of crime in residential environments – Testing a social psychological model', *Journal of Social Psychology*, 129(2), 1989.

9. C Boomsma and L Steg, 'The effect of information and values on acceptability of reduced street lighting', *Journal of Environmental Psychology*, 2014. pp.22–31.

10. J Jacobs, *The Death and Life of Great American Cities*, Jonathan Cape, London, 1961.

11. BS Fisher and JL Nasar, 'Fear of crime in relation to three exterior site features: Prospect, refuge and escape', *Environment and Behavior*, 24(35), 1992, p 35–65. JL Nasar, BS Fisher and M Grannis, 'Proximate physical cues to fear of crime', *Landscape and Urban Planning*, 26, 1993, p 161–78.

12. J Appleton, *The Experience of Landscape*, John Wiley, London, 1975, p 293.

13. BS Fisher, JL Nasar, 'Fear of crime in relation to three exterior site features: Prospect, refuge, and escape', *Environment and Behavior* 24, 1992, pp 35-65.

14. M Warr, 'Fear of rape among urban women', *Social Problems*, 32, 1985, p 238–50. M Warr, 'Dangerous situations: social context and fear of victimisation', *Social Forces*, 68, 1990, p 891–907.

15. Y Akashi, MS Rea and P Morante, 'Progress Report: Improving acceptance and use of energy-effcient lighting', in *Unified Photometry: An Energy-E±cient Street Lighting Demonstration in Easthampton, Massachusetts*, Lighting Research Center, Troy, USA, 2004.

16. S Farrell, J Bannister, J Ditton, E Gilchrist, 'Questioning the Measurement of the 'Fear of Crime'. *British Journal of Criminology* 37, 1997, pp 658-79.

17. S Sutherland, *Irrationality* & Martin Ltd, London, 2007.

18. C Cuttle, *Lighting by Design*, Elsevier Science, Oxford, 2003.

19. PR Boyce et al, 'Perceptions of safety at night in different lighting conditions', *Lighting Research and Technology*, 32, 2000, p 79.

20. British Standards Institution, BS5489-1:2003, *Code of Practice for the Design of Road Lighting – Part 1: Lighting of Roads and Public Amenity Areas*, London, 2003.

21. P Rombauts, H Vandewyngaerde and G Maggetto, 'Minimum semicylindrical illuminance and modelling in residential area lighting', *Lighting Research and Technology*, 21, 1988, p 49–55.

22. M Warr, 'Fear of rape among urban women', *Social Problems* 32 (3), 1985, pp 238-50.

23. C Cuttle, 'Towards the third stage of the lighting profession', presentation, Bartlett, UCL London, 2009.

24. HW Bodmann, 'Quality of interior lighting based on luminance', *Transactions of the Illuminating Engineering Society*, 32(1), 1967, pp 22–40.

25. R Sommer, *Personal Space–The Behavioural Basis of Design*, Prentice-Hall, Englewood Cliffs, New Jersey, 1969.

第5章

1. K Lynch, *The Image of the City*, MIT Press, Cambridge, Mass, 1960.

2. J Peponis, C Zimring and YK Choi, 'Finding the building in wayfinding', *Environment and Behavior* 22, 1990, pp 555–90.

3. CA Lawton, 'Gender differences in wayfinding strategies: Relationship to spatial ability and spatial anxiety', *Sex Roles* 30, 1994, pp 765–79.

4. S-Y Yoo, 'Architectural legibility of shopping centers: Simulation and evaluation of floor plan configurations', 1992.

5. ML Hidayetoglu, K Yildirim and A Akalin, 'The effects of color and light on indoor wayfinding and the evaluation of the perceived environment', *Journal of Environmental Psychology* 32, 2012, pp 50–58.

6. The Signage Foundation, *Urban Wayfinding Planning and Implementation Manual*, 2013.

7. MA Foltz, 'Designing navigable information spaces', MIT, Dept of Electrical Engineering and Computer Science, 1998.

8. P Arthur and R Passini, *Wayfinding: People, Signs and Architecture*, McGraw-Hill Ryerson, Toronto, 1992.

9. PW Thorndyke and B Hayes-Roth, 'Differences in spatial knowledge acquired from maps and navigation', *Cognitive Psychology* 14, 1982, pp 560–89. RG Golledge, V Dougherty and S Bell, 'Acquiring spatial knowledge: Survey versus route-based knowledge in unfamiliar environments', *Annals of the Association of American Geographers* 85, 1995, pp 134–58.

10. P Dwimirnani, KA Karimi, GA Palaiologou, *Space after dark: Measuring the impact of public lighting at night on visibility, movement, and spatial configuration in urban parks*. InProceedings-11th International Space Syntax Symposium, SSS 2017 2017 Jul 10 (Vol. 11, pp 129-1). Instituto Superior Técnico, Portugal.

11. D Del-Negro, 'The influence of lighting on wayfinding', *The CIE 28th Session*, Manchester, 2015.

12. S Winter, M Raubal and C Nothegger, 'Focalising measures of salience for wayfinding' in *Map-Based Mobile Services*, L Meng, Springer Berlin Heidelberg, 2005, pp 125–39.

13. T Yuktadatta, 'Urban imageability: A

lighting study of London's historic tourist area', University College London, 2002.

14. N Davoudian, 'Visual saliency of urban objects at night: Impact of the density of background light patterns', *The Journal of the Illuminating Engineering Society of North America (LEUKOS)* 8, 2011.

15. ILP. *The Outdoor Lighting Guide*. New York: Taylor & Francis; 2005. Page 83

16. N Davoudian, 'Background lighting clutters: How do they affect visual saliency of urban objects?' *International Journal of Design Creativity and Innovation* 5, 2017, pp 95–103.

17. Ibid.

第6章

1. See, for example, J Németh, 'Defining a public: The management of privately owned public space', *Urban Studies*, 46(11), 2009, pp 2463–490. E Toolis, 'Theorizing Critical Placemaking as a Tool for Reclaiming Public Space', *American Journal of Community Psychology*, 59/1-2, 2017, pp 184–99, DOI: 10.1002/ajcp.12118.

2. M Carmona, 'Re-theorising contemporary public space: A new narrative and a new normative', *Journal of Urbanism: International Research on Placemaking and Urban Sustainability*, 8/4, 2014, pp 373–405, DOI: 10.1080/17549175.2014.909518.

3. M. Carmona, F M Wunderlich, (2013). *Capital Spaces: The Multiple Complex Public Spaces of a Global City*, 1st ed, Routledge.

4. Project for Public Spaces, 2017, www.pps.org.

5. W Whyte, *The Social Life of Small Urban Spaces*, 2nd ed, Project for Public Spaces, New York, 1980.

6. Ibid.

7. www.pps.org, 2017.

第7章

1. WH Whyte, *City: Rediscovering the Center*, Doubleday, New York, 1989.

2. M Augé, *Non-Places: Introduction to an Anthropology of Supermodernity*, Verso Books, new edition, 2009.

3. www.berlin-city-west.de/perlen/?page_id=15.

4. www.umbrellium.co.uk/initiatives/linguine.

5. www.bradford.ac.uk/social-sciences/research-and-knowledge-transfer/bradford'scity-park.

6. A Barker, 'The great meeting place: A study of Bradford's City Park', University of Bradford, Bradford, 2014, p 13.

图片来源

Page ii, Daniel Schwen;

第1章
Page 7 Catarina Heeckt;
Page 8 Catarina Heeckt;
Page 9 Catarina Heeckt;
Page 13 Don Slater;
Page 16 Elettra Bordonaro (top and centre);
Page 16 Don Slater (bottom);

第2章
Page 25 K.M. Zielinska-Dabkowska;
Page 26 K.M. Zielinska-Dabkowska;
Page 27 K.M. Zielinska-Dabkowska;
Page 29 Speirs + Major;
Page 32 K. M. Zielinska-Dabkowska;
Page 33 Argent/ John Sturrock;
Page 34 Argent/ John Sturrock;
Page 35 K. M. Zielinska-Dabkowska;
Page 37 Bell Phillips Architects/ John Sturrock;
Page 38 Bell Phillips Architects/ John Sturrock;
Page 39 James Newton Photographs;

第3章
Page 44 Yiannis Theologos Michellis;
Page 46 Public domain (left);
Page 46 OpenStax College, Anatomy & Physiology, Connexions Web site. http://cnx.org/content/col11496/1.6/, Jun 19, 2013 (right);
Page 48 Navaz Davoudian;
Page 49 Public domain;
Page 50 Public domain;
Page 51 Navaz Davoudian;
Page 52 Navaz Davoudian;
Page 54 Public domain;

第4章
Page 58 Jemima Unwin;
Page 62 Jemima Unwin;
Page 63 Jemima Unwin;
Page 64 Jemima Unwin;
Page 65 Jemima Unwin;
Page 67 Jemima Unwin;
Page 68 Jemima Unwin;
Page 69 Jemima Unwin;
Page 71 Jemima Unwin (top and bottom);
Page 72 Jemima Unwin;
Page 76-77 Public Domain;

第5章
Page 81 William Murphy;
Page 82 Daniel Schwen;
Page 86 Dice;
Page 88 Public domain (left);
Page 88 Navaz Davoudian (right);
Page 89 Navaz Davoudian;
Page 90 Navaz Davoudian (top);
Page 90 Public domain (bottom);

第6章
Page 97 Isabel Kelly (left and right);
Page 98 Isabel Kelly;
Page 99 Isabel Kelly;
Page 100 Isabel Kelly (top and bottom);
Page 101 Isabel Kelly (top and bottom);
Page 103 Isabel Kelly;
Page 104 Isabel Kelly;
Page 105 Isabel Kelly;
Page 106 Isabel Kelly;
Page 107 Isabel Kelly;
Page 108 Isabel Kelly (top and bottom);
Page 109 Isabel Kelly (top and bottom);
Page 110 Isabel Kelly;
Page 111 Isabel Kelly;
Page 112 Isabel Kelly;
Page 113 Isabel Kelly;
Page 114 Isabel Kelly;
Page 115 Isabel Kelly;
Page 116 Isabel Kelly (top and bottom);
Page 117 Isabel Kelly (top and bottom);
Page 118 Isabel Kelly;
Page 119 Isabel Kelly;
Page 122-123 Arup;

第7章
Page 127 Arup (top and bottom);
Page 128 Arup;
Page 129 James Newton (top);
Page 129 Arup (bottom);
Page 130 Arup (top, left and right);
Page 132 Arup;
Page 133 Arup (top and bottom);
Page 134 Arup (top and bottom);
Page 135 Arup;
Page 138 Arup (top and bottom);
Page 139 Arup (top and bottom);
Page 140 Arup (top and bottom);
Page 142 Arup (top to bottom);
Page 143 Arup;
Page 145 StudioFractal/Will Scott;
Page 146 StudioFractal/Will Scott;
Page 147 Arup (top);
Page 147 Hans Peter Kuhn (bottom);